海域权属测绘关键技术与应用实践

王　鹏　于永海　张　盼　等编著

海洋出版社

2018 年·北京

图书在版编目（CIP）数据

海域权属测绘关键技术与应用实践/王鹏等编著．—北京：海洋出版社，2018.11
ISBN 978-7-5210-0263-8

Ⅰ.①海… Ⅱ.①王… Ⅲ.①海域-海洋测量 Ⅳ.①P229

中国版本图书馆 CIP 数据核字（2018）第 261949 号

责任编辑：张　荣
责任印制：赵麟苏

海洋出版社　出版发行

http：//www.oceanpress.com.cn

北京市海淀区大慧寺路 8 号　邮编：100081
北京朝阳印刷厂有限责任公司印刷　新华书店发行所经销
2018 年 11 月第 1 版　2018 年 11 月北京第 1 次印刷
开本：787mm×1092mm　1/16　印张：13.5
字数：250 千字　定价：68.00 元
发行部：62132549　邮购部：68038093　总编室：62114335

海洋版图书印、装错误可随时退换

《海域权属测绘关键技术与应用实践》
编写组

编纂人员：
王 鹏	于永海	张 盼	林 霞
闫吉顺	赵 博	索安宁	姜 峰
康 婧	袁道伟	贾 凯	朱龙海
胡日军	郝燕妮	张连杰	唐 晨
刘晓璐	姜胜辉	黄小露	张建民
鲍平勇	陈子航	谭肖杰	于 帅
王浩然	王 平	董祥科	方海超

前　言

《中华人民共和国海域使用管理法》自 2002 年颁布以来，为海域权属管理提供了法律准绳。16 年来，围绕着更好地管理好我国海域，国家陆续制定了《海域使用权管理规定》《海域使用权登记办法》等一系列的规范性文件，细化了海域使用权取得、流转、登记发证、争议调处等程序，同时颁布了《海籍调查规范》《海域使用分类》《宗海图编绘技术规范》《海域权属核查技术规程》等一系列海洋行业标准，明确了海籍调查、海域分类、宗海图绘制、海域权属核查的技术方法与要求。"十三五"以来，为全面、准确地掌握我国管辖海域内项目用海实际情况，提高海域使用权属数据质量，完善海域使用权属信息，国家海洋局把海域权属核查工作作为重点，先后在北海区、东海区和南海区开展示范试点，总结经验后将面向全国进行推广。这一系列的工作，为海域管理和权属测绘提供了明确依据。但是，在指导和宣传我国海域权属测绘工作方面，目前尚无一部系统介绍海域权属测绘的专著，难以满足社会各界以及专业技术人员全方位了解海域权属测绘的需要。为此，我们编写了《海域权属测绘关键技术与应用实践》。

本书主要依据现行有效的海洋行业标准和规范性文件对海域权属测绘的基本制度、主要内容、方法、程序及具体要求进行系统的归纳和阐述，同时对尚未明确规定或有待进一步完善的方面做了一些引导性的探讨，并结合编者实际工作经验，选择具有代表性的应用案例，呈现给广大读者。全书共分四章，王鹏、于永海、张盼负责全书的总体安排和各章节的汇总。第一章介绍我国海域权属管理的基本情况和现行管理体制，主要由林霞、索安宁、贾凯、郝燕妮、刘晓璐、谭肖杰执笔；第二章介绍我国海域权属测绘的相关规范及关键技术，主要由王鹏、赵博、朱龙海、胡日军、姜胜辉、于帅执笔；第三章介绍海域权属测绘的典型案例并进行评析，主要由张盼、康婧、袁道伟、张连杰、黄小璐执笔；第四章介绍目前正在应用的海域权属测绘相关软件，主要由闫吉顺、姜峰、唐晨、张建民、王平执笔。非常感谢国家海洋局温州海洋环境监测站鲍平勇、陈子航为本书提供的地方海域权属核查典型案例，丰富了本书的内容；王浩然、董祥科、方海超为本书收集了相关资料并进行了整理。

期望本书通过海域权属测绘关键技术的论述和典型应用实践的编纂，能够为从事海域权属管理和测绘实践工作的专业人员提供帮助。由于编者能力与水平有限，书中不妥和疏漏之处在所难免，敬请同行专家和读者不吝指正！

编写组

2018 年 2 月

目　录

第一章　海域权属管理概述

第一节　海域权属管理制度

海域权属管理制度是《中华人民共和国海域使用管理法》（以下简称《海域使用管理法》）的三项基本制度之一，它的核心是海域属于国家所有，单位和个人使用海域必须依法取得海域使用权。这一制度是建立在海域所有权和使用权分离的物权理论基础上的。国家是海域所有权的唯一主体，由国务院代表国家行使。这既有利于澄清在海域所有权方面存在的错误观念，也为建立海域有偿使用制度奠定了可靠的基础。

《海域使用管理法》第三条明确规定海域属于国家所有，并专设"第四章海域使用权"，建立了海域使用权登记制度，赋予海域使用权人各种保护其权利的法律手段，体现了海域权属管理的法律精神和实质。《中华人民共和国物权法》（以下简称《物权法》）的"第三编用益物权"明确确立了海域使用权的用益物权法律地位。海域权属制度的确立是我国明确主张国家海洋权益、强化海洋综合管理、有效维护海域使用以及海洋资源开发秩序的关键性措施，为我国海域管理规范化奠定了坚实的法律基础，因此，具有十分重要的意义。

海域使用权可以通过审批、招标、拍卖3种方式取得，依法登记的海域使用权受法律保护。海域使用申请统一由海洋行政主管部门受理，由国务院和沿海县级以上地方政府按照规定的审批权限批准。根据《海域使用管理法》的规定，海域使用权人享有依法用海的权利、获取收益的权利、请求海洋行政主管部门或人民法院排除妨害的权利、对非法损害有依法请求赔偿的权利。享有权利就必须承担义务，海域使用权人有依法保护和合理使用海域的义务，允许不妨害其依法使用海域的非排他性用海活动的义务以及及时报告海域情况重大变化的义务。

第二节　海域权属管理的建立与发展

海域权属管理的建立是基于在海域物权制度的发展之上，海域物权制度的核心是海域所有权属于国家，海域使用权是一种典型的用益物权。海域作为与土地相类似的不动产，几乎是与土地同时建立物权制度的。1988 年《中华人民共和国宪法修正案》通过、1990 年《城镇国有土地使用权出让和转让暂行条例》颁布实施后，土地使用权作为基本的不动产物权得到了《中华人民共和国宪法》和行政法规的承认。此后不久，随着我国海洋经济的发展，海洋开发利用方式多样化、主体多元化，海域稀缺程度不断加大，行业用海矛盾和纠纷加剧，海域物权制度建设问题也引起了国务院有关部门的重视。

1993 年 5 月，国家海洋局和财政部根据国务院的批复颁布了《国家海域使用管理暂行规定》，在明确"海域属于国家所有"的基础上提出了"海域使用权"的概念，并实行海域使用许可和有偿使用制度，初步建立了海域物权制度。

为了统一规范我国海域权属管理和利用关系，2001 年 10 月，全国人大常委会审议通过了《海域使用管理法》，明确规定海域属于国家所有，专章规定了海域使用权，建立了海域使用权登记制度，赋予海域使用权人各种保护其权利的法律手段。《海域使用管理法》以特别法的形式初步确立了海域物权基本制度，具有十分重要的意义。而在实践中，为推进海域物权制度的实施，从中央到地方建立了比较完善的海域使用法律体系。其中，较为重要的有《海域使用管理法》《海域使用权管理规定》《海域使用权登记办法》以及《海籍调查规程》等。同时，各地通过海域确权、登记和发证等实际工作，具体实现了海域物权制度。

自 2007 年 10 月 1 日起施行的《物权法》进一步巩固和完善了海域权属管理制度。《物权法》在"所有权"编第四十六条规定"矿藏、水流、海域属于国家所有"；在"用益物权"编第一百二十二条专门规定"依法取得的海域使用权受法律保护"。《物权法》主要在 3 个方面取得了较大突破：一是"海域"第一次与矿藏、水流并列规定，明确成为重要的国有财产，丰富和完善了《中华人民共和国宪法》关于自然资源国家所有的规定；二是海域使用权被单独规定为一条，作为用益物权的法律地位和性质非常明确；三是海域使用权与其他权利的关系得到了明确，包括矿产开发、海水养殖等在内的各类项目用海，都要依法取得海域使用权。《物权法》在第四十六条和第一百二十二条专门规定了海域物权，并确立了海域使用权的用益物权法律地位。在管理实践中，海域使用权已成为与建设用地使用权性质相同的用益物权，也使得海域作为民法上的物，成为民事规范的对象。《物权法》确立的海域物权制度，其核心是海域所有权属于国家，海域使用权是一种典型的用益物权。《物权法》以民事基本法律的形式确立了海域物权制度，巩固了《海域使用管理法》的立法成果，进一步提升了海域权属管理制度的法律地位。

第三节　海域权属管理的目标与内容

一、海域权属管理的目标

海域权属管理作为一种行政管理行为，其基本目标主要体现在以下几个方面。

（一）维护国家作为海域所有者的利益，保护海域使用权人的合法权益

通过建立与完善海域的权属制度，界定和保护海域物权，确认海域的财产法律地位，规范海域开发利用中的各种利益关系，从根本上维护海域使用权人享有的占有、使用和收益的权利，同时在经济上体现国家海域所有权，杜绝国有资源型资产的流失。

（二）规范海域使用行为，维护海域使用秩序

通过建立完善的法律配套制度，依法实施海域权属管理，制止侵占、买卖和以其他形式非法转让海域的现象，防止海域的盲目开发、过度开发等不合理行为，从根本上规范海域开发利用秩序。

（三）合理配置海域资源，实现海域的可持续利用

根据经济和社会发展的需要，统筹安排相关行业用海，保障社会公益事业和社会基础设施建设用海，合理配置海域资源，减少资源浪费，实现海域综合效益的最大化；坚持“点上开发、面上保护”，走海洋的可持续发展道路，使海域开发利用

的规模和强度与海洋资源和环境承载能力相适应，实现海域经济效益、社会效益和环境效益的统一。

二、海域权属管理的主要内容

海域权属管理包括海域的国家所有权、海域使用权和其他相关权利的管理，其核心任务是维护海域的国家所有权及海域使用权人的合法权益。海域使用权属管理包括海域使用权的设定、海域使用权的续期、变更或终止以及海域使用权争议调解处理等。另外，海域使用权出租、抵押等他项权利的管理也是海域权属管理的重要内容。

（一）海域使用分类

海域使用分类指按照一定的原则，划分海域使用类型并界定其用海方式，适用于海域使用权取得、登记、发证、海域使用金征缴、海域使用执法以及海籍调查、统计分析、海域使用论证、海域评估等工作对海域使用类型和用海方式的界定。

（二）海籍管理

海籍管理是海域权属管理的一项基础工作。具体来说，是指海洋行政主管部门将项目用海的位置、界址、面积、权属、用途、使用期限、海域等级、海域使用金及海域权利等项目按照法定的程序整理形成海籍使用权登记册和海籍图，作为海域确权发证、海域使用金征收管理以及保护海域使用权益的基础依据。海籍管理工作包括海域使用现状调查、海籍调查（权属核查和海籍测量）、海域使用统计、海域使用动态测量、海域使用档案管理和信息管理等。

（三）海籍调查

无论是海域使用现状普查还是针对特定用海项目的海籍调查，都是以宗海为单位进行的。海籍调查的目的是通过调查与勘测工作获取并描述宗海的位置、界址、形状、权属、面积、用途和用海方式等有关信息，为海域使用权出让和确权登记提供基础材料，以便在此基础上进行海域使用权的审批和登记，掌握海域利用的现状和变更情况。

（四）海域使用权登记

权属登记是物权的重要体现，《物权法》明确规定："不动产物权的设立、变更、转让和消灭，经依法登记，发生效力；未经登记，不发生效力。"《海域使用管理法》规定："国务院批准用海的，由国务院海洋行政主管部门登记造册，向海域使用申请人颁发海域使用权证书；地方人民政府批准用海的，由地方人民政府登记造册，向海域使用申请人颁发海域使用权证书。"法律明确了海域使用权法定程序登记后才发生效力。登记工作必须按照法定程序进行，不按照法定程序登记，权利不能生效。

（五）海域使用权证书管理

海域使用权证书是海域使用权登记的法律凭证，分正本和副本，由海域使用权人持有。为规范海域使用权证书编号、发放等管理工作，切实维护海域使用权证书的权威性和统一性，保障海域使用权人的合法权益，国家海洋局根据《海域使用管理法》和《物权法》的有关规定，制定了《海域使用权证书管理办法》，并对海域使用证书实行全国统一配号管理。

（六）海域使用统计

海域使用统计是各级海洋行政主管部门对反映海域使用权属管理、海域有偿使用等情况的资料进行收集、整理和分析研究的活动。海域使用统计属于专项统计，既是国家统计工作的重要组成部分，也是海洋统计工作的重要组成部分。

第四节 海域权属管理基础规章制度

海域权属管理法律制度包括国家出台的法律、行政法规、部门规章、规范性文件、技术规范以及地方法规、政府规章等。2001年《海域使用管理法》的出台和2007年《物权法》的实施，确立了我国海域管理的法律体系框架。在此基础上，海域权属管理配套制度不断完善，技术标准体系也逐步建立，为海域权属管理法制化、规范化和科学化奠定了坚实的制度基础。

关于海域权属管理制度，目前已印发了《海域使用权管理规定》《海域使用权登记办法》《海域使用权证书管理办法》《海域使用权争议调解处理办法》等一系列的规范性文件，细化了海域使用权取得、流转、登记发证、争议调处等程序。

海域权属管理基础规章制度见表1-1，本节对《海域使用管理法》《物权法》《海域使用权管理规定》《海域使用权登记办法》《海域使用权登记技术规程（试行）》《海域使用分类》《海籍调查规范》等主要的法律、规范性文件及标准做以下概述。

表1-1 海域权属管理基础规章制度

制度类型	制度名称	发布年份
法律	《中华人民共和国海域使用管理法》	2001
	《中华人民共和国物权法》	2007
规范性文件	关于印发《海域使用权管理规定》的通知	2006
	关于印发《海域使用权登记办法》的通知	2006
	关于印发《海域使用权登记技术规程（试行）》的通知	2013
	关于贯彻实施《中华人民共和国物权法》全面落实海域物权制度的通知	2007
	关于印发《属地受理、逐级审查报国务院批准的项目用海申请审查工作规则》的通知	2007
	关于进一步规范海域使用项目审批工作的意见	2009
	关于完善国家海洋局直接受理项目用海审查工作有关问题的通知	2013
	关于在广东省海域实施拍卖挂牌方式出让海砂开采海域使用权的通告	2010
	关于全面实施以市场化方式出让海砂开采海域使用权的通知	2012
	关于印发《海洋行政许可实施办法》及示范文本样式的通知	2007
	关于印发海使用权管理有关文书格式的通知	2007
	关于印发《海域使用权证书管理办法》的通知	2008
	关于启用2008版海域使用权证书的通知	2007
	关于开展海域使用权证书统一配号工作的通知	2011
	关于印发《海域使用权争议调解处理办法》的通知	2002
	关于印发《临时海域使用管理暂行办法》的通知	2003
行业标准	《海域使用分类》	2009
	《海籍调查规范》	2009

一、法律

（一）《中华人民共和国海域使用管理法》

《中华人民共和国海域使用管理法》于 2001 年 10 月 27 日由全国人民代表大会常务委员会通过，自 2002 年 1 月 1 日起施行。《海域使用管理法》确立了海域功能区划、海域权属管理、海域有偿使用等基本制度。对于加强海域使用管理，维护国家海域所有权和海域使用权人的合法权益，促进海域合理开发和可持续利用，具有重要意义。

《海域使用管理法》的立法意义表现在：一是加强海域使用管理，这是维护国家权益的需要，也是合理开发利用海洋资源的需要，具体的就是通过立法来建立、健全海域使用管理制度，达到强化这项管理的目的；二是维护国家海域所有权，这是加强海域使用管理的实质内容，因为只有管理好使用权，才能维护所有权，而对所有权的维护，必然要落实到对使用权的管理上，所以在对海域使用管理中，必须以维护国家海域所有权作为基本立足点；三是维护海域使用权人的合法权益，依法取得海域使用权人的权益必须受到法律保护，在保护海域使用权人依法产生的权益时，也是维护在国家海域所有权的基础上建立的海域使用秩序；四是促进海域的合理开发和可持续利用，这是海域使用管理法律制度所要实现的重要目的，海域使用管理法律制度所要发挥的正是这种促进作用，保障和推进海洋资源的合理开发和持续利用也成为立法的指导原则。

（二）《中华人民共和国物权法》

《中华人民共和国物权法》于 2007 年 3 月 16 日由全国人民代表大会审议通过，自 2007 年 10 月 1 日起施行。《物权法》是为了维护国家基本经济制度，维护社会主义市场经济秩序，明确物的归属，发挥物的效用，保护权利人的物权而制定的法规，它是规范有形财产归属关系的民事基本法律，其出台对于我国法制建设具有划时代的意义。海域物权制度是《物权法》的重要创新，《物权法》第四十六条规定"矿藏、水流、海域属于国家所有"；第一百二十二条规定"依法取得的海域使用权受法律保护"。该法第一次将海域与矿藏、水流并列规定，在国家基本法律中明确作为重要的国有财产，将海域这种自然资源转变为民法上的不动产，有利明晰海域权属，定纷止争，运用市场手段配置海域资源。

在海域使用管理方面，《物权法》与《海域使用管理法》的侧重点不同。《海域使用管理法》侧重于海域空间资源的行政管理，强调用海者的义务责任，以维护公共利益；而《物权法》侧重于海域使用行为的民事规范，强调用海者的权利保护，以维护个体利益，两者共同构成了海域使用管理法律体系的基石。

二、规范性文件

（一）《海域使用权管理规定》

2002年4月，为贯彻落实《海域使用管理法》，国家海洋局发布了《海域使用申请审批暂行办法》，对海域使用申请审批做出了具体规定，在加强我国的海域管理工作方面发挥了重要作用。但随着海域管理工作的不断推进，沿海各地对招标、拍卖出让海域以及海域转让、出租、抵押等进行了有益的探索。全国人大第五次会议审议《物权法（草案）》，将海域使用权写入了《物权法》，在立法上明确了其物权的性质和地位。为充分吸收和推广海域使用管理的经验，与国家法制建设发展相衔接，进一步规范和优化海域使用权管理，国家海洋局于2006年10月13日发布了《海域使用权管理规定》，2007年1月1日正式实施，同时废止了2002年国家海洋局发布的《海域使用申请审批暂行办法》。与之前出台的《海域使用申请审批暂行办法》相比，《海域使用权管理规定》的内容更加全面、细化，具体规定了申请审批、招标、拍卖等海域使用权的多种出让方式，可操作性更强，同时首次对海域使用权招标、拍卖、转让、出租、抵押程序进行了细化，这也是该规定的亮点之一。

《海域使用权管理规定》共8章55条，对海域使用论证、用海预审、海域使用申请审批、海域使用权招标与拍卖、海域使用权转让出租和抵押以及相关罚则做出了明确规定。

《海域使用权管理规定》要求，申请使用海域，应提交海域使用申请书、申请海域的坐标图、资信等相关证明资料；油气开采项目要提交由油田开发总体方案；国家级保护区内的开发项目需提交保护区管理部门的许可文件；存在利益相关者的，应提交解决方案或协议。海域使用审批仍然沿用国家海洋局直接受理和属地受理、逐级上报这两种程序，并对海域使用申请审批的审查程序和内容进行了更加明确细致的规定。

（二）《海域使用权登记办法》

为了加强海域使用权管理，规范海域使用权登记工作，完善海域使用权登记制度，维护国家海域所有权和海域使用权人的合法权益，根据《海域使用管理法》，国家海洋局制定了《海域使用权登记办法》，该方法于2007年1月1日开始实施。

《海域使用权登记办法》共5章38条，分别对海域使用权的初始登记、变更登记、注销登记、登记资料的管理和查询等进行了规定。海域使用权登记是指依法对海域的权属、面积、用途、位置、使用期限等情况以及海域使用权派生的他项权利所做的登记，包括海域使用权初始登记、变更登记和注销登记。

（三）《海域使用权登记技术规程（试行）》

为了规范海域使用权登记行为，完善海域使用权登记制度，维护国家海域所有权和海域使用权人的合法权益，国家海洋局于2013年12月16日发布了《海域使用权登记技术规程（试行）》的通知，该规程自2014年1月1日起施行。

该规程适用于各级海洋行政主管部门办理海域使用权登记，包括初始登记、变更登记、注销登记、抵押登记和其他登记等。规程明确了海域使用权登记的术语和海域使用权登记表编号，并确定了登记程序和登记资料管理的步骤。海域使用权登记一般按照受理、审核、记载、发证、公告的程序进行。

（四）《海域使用权证书管理办法》

为规范海域使用权证书印制、发放和管理工作，切实维护海域使用权证书的权威性和统一性，保障海域使用权人的合法权益，2008年国家海洋局根据《海域使用管理法》和《物权法》的有关规定，修订印发了《海域使用权证书管理办法》，该办法对海域使用权证书的印制、编号、发放与管理等工作程序作了规定，详细解释了《海域使用权证书》的各项具体内容和填写要求。

（五）《海域使用权争议调解处理办法》

2002年《海域使用管理法》实施之初，为了依法调解处理当事人之间因海域使用权的归属而发生的争议，国家海洋局发布实施了《海域使用权争议调解处理办法》，规定了海域使用权争议调解的管理部门、受理范围、调解处理的基本原则、工作程序、调解达成协议和未达成协议的处理办法等内容，有效地保护海域使用权人的合法权益。

三、行业标准

（一）《海域使用分类》

2002 年，国家海洋局发布的《海籍调查规程》中第一次明确提出了海域使用分类体系。按照行业用海将海域使用类型分为 9 个一级类，27 个二级类。2007 年财政部和国家海洋局联合印发了《关于加强海域使用金征收管理的通知》，提出了按用海方式区分的用海类型，分为 5 大类，19 个小类。此后一段时间，不同的分类体系，在实践中导致海域使用管理及相关工作出现一些混乱。为统一规范，国家海洋局组织专家重新编制了《海域使用分类》，并于 2008 年 5 月以规范性文件形式下发执行。2009 年，该标准上升为国家海洋行业推荐性标准，并于 2009 年 5 月 1 日起正式施行。

《海域使用分类》适用于海域使用权取得、登记、发证、海域使用金征缴、海域使用执法以及海籍调查、统计分析、海域使用论证、海域评估等工作对海域使用类型和用海方式的界定，规定了海域使用的分类原则、类型和用海方式。其中，用海类型和用海方式共同构成海域使用分类体系。用海类型即海域使用类型体系，共分为 9 个一级类，30 个二级类。用海方式即海域使用方式体系，共分为 5 个一级类，20 个二级类。用海类型按具体海域用途划分，强调与海洋功能区划、海洋及相关产业等的分类相协调。用海方式按用海特征及对海域自然属性的影响程度划分，强调对海域的影响因素。

（二）《海籍调查规范》

海籍是指国家为实行海域使用权登记制度、海域使用统计制度和海域有偿使用制度，记载各项目用海的位置、界址、权属、面积、用途、使用期限、海域等级、海域使用金征收标准等基本情况的簿册和图件。海籍调查时海域使用管理的基础工作，要查清每一宗用海的位置、界址、权属、面积和用途等基本情况。海籍调查包括权属核查和海籍测量。为加强海域使用管理，维护海域使用权人的合法权益，建立健全海籍管理制度，国家海洋局制定发布了《海籍调查规范》，该规范明确了我国内海和领海范围内的海籍调查作业的基本内容与要求。通过海籍调查与勘测工作，获取并描述宗海的位置、界址、形状、权属、面积、用途和用海方式等信息。调查内容包括权属核实、宗海界址界定、海籍测量、面积量算以及宗海图和海籍图绘制等。调查成果包括海籍测量数据、海籍调查报告（含宗海图）和海籍图。

第五节　海域权属管理标准体系

标准是为了在一定的范围内获得最佳秩序，经协商一致制定并由公认机构批准，共同使用和重复使用的一种规范性文件。技术标准是指重复性的技术事项在一定范围的统一规定。

海域综合管理标准体系见图1-1。海域权属管理是海域综合管理的重要内容，本书根据现行权属管理技术标准对相关技术标准进行了汇总，主要涉及海域使用分类、海籍调查规范、宗海图编绘技术规范、填海项目竣工海域使用验收相关技术标准、重点区域海域使用权属核查相关技术标准（图1-2）。

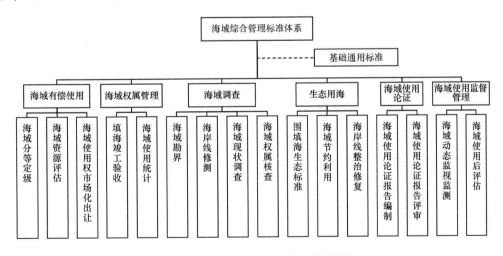

图1-1　海域综合管理标准体系结构框架

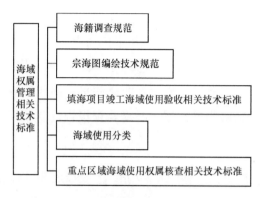

图 1-2　海域权属管理标准体系结构框架

第六节　海域权属管理技术体系

一、海域使用分类

海域使用分类是海域权属管理中界定用海类型和用海方式的统一依据，对于规范海域权属管理及相关技术工作，统一各环节海域使用数据口径，促进海域使用信息共享等具有重要的现实意义。海域使用权属管理制度针对海域使用类型、用海方式划分和设置审批权限；海籍调查、海域使用统计、海域权属登记等技术工作也需要对确权用海进行分类。

二、宗海图编绘

宗海图作为海域使用申请书、招标拍卖挂牌出让海域使用权方案、海域使用权出让合同、海域使用论证报告、海域使用权登记表和海域使用权证书等的重要组成部分，是海域管理的基础资料。

宗海图是记载宗海位置、界址点、界址线及其与相邻宗海位置关系的各类图件的总称，包括宗海位置图、宗海界址图和宗海平面布置图。宗海位置图是指反映项目用海地理位置、平面轮廓及其与周边重要地物位置关系的图件。宗海界址图是指反映宗海及内部单元的界址点分布、界址范围、用海面积、用途、用海方式及其相邻宗海信息的图件。宗海平面布置图是指反映同一用海项目内多宗宗海之间平面布置、位置关系的图件。

三、海籍调查

海籍调查的内容包括权属核查、宗海界址界定、海籍测量、面积量算以及宗海图和海籍图绘制等。海籍调查的成果包括调查数据、宗海图、海籍图和海籍调查报告等。

四、填海项目竣工海域使用验收

填海项目竣工海域使用验收是指填海项目竣工后,海洋行政主管部门对海域使用权人实际填海界址和面积、执行国家有关技术标准规范、落实海域使用管理要求等事项进行的全面检查验收,是海洋行政主管部门对填海项目进行监督管理的重要体现。

五、重点区域海域使用权属核查

海域使用权属核查是为摸清海域使用权属现状,掌握准确完整的海域使用权人、面积、用海类型、用海方式、用海期限等海域使用权属数据,依法进行的核实、勘测行为。核查对象主要有:已经纳入海域使用动态监视监测管理系统管理的确权用海;海域管理部门掌握(有登记、有记载或有批复等)的且已实际发生,但未录入海域使用动态监视监测管理系统的用海;采用海域使用动态监视监测管理系统中最新遥感影像核对,能够发现的未确权用海;海域管理部门认为有必要核查的其他用海。

核查内容包括核查对象的位置、界址、海域使用权人、面积、用海类型、用海方式、用海期限等权属信息。

第二章　海域权属测绘相关规范与关键技术

第一节　宗海图编绘技术规范与海籍调查规范

一、文件出台背景

宗海图作为海域使用申请书、招标拍卖挂牌出让海域使用权方案、海域使用权出让合同、海域使用权登记表、海域使用权证书和海域使用论证报告等的重要组成部分，是海域管理的基础资料。《海籍调查规范》（HY/T 124—2009）自颁布实施以后，我国宗海图编绘主要参考《海籍调查规范》（HY/T 124—2009）中宗海图编绘的相关条款。然而，《海籍调查规范》编制的主要目的是为海籍调查提供宗海界址界定、权属调查、海籍测量、面积测算、宗海图和海籍图绘制、海籍调查报告编制等工作技术规范，而不是专门针对宗海图编制工作制定的，故其中的宗海图编绘技术流程、编绘方法、技术要求不够细致。由于缺乏系统、详细的宗海图编绘技术规范，导致宗海图编绘工作中出现了图幅大小不一、图斑色彩各异、成图要素有繁有简、成图数学基础各取所好等诸多问题，给海籍管理、海域使用动态监管等海域使用规范化、精细化管理工作带来了许多不便。

《宗海图编绘技术规范》是在《海籍调查规范》对宗海界址界定和宗海图编绘有关要求的基础上制定的。其中规定了宗海图编绘的技术流程，宗海位置图、宗海界址图、宗海平面布置图编绘的技术方法和技术要求，以及宗海图版式格式的规格、颜色等具体要求。主要包括宗海图编绘技术规范文本、宗海图编绘图式图例和宗海图编绘范例3个部分。宗海图编绘文本内容部分，在界定宗海图编绘相关术语、成图数学基础和规定宗海图编绘技术流程的基础上，主要给出了工作底图、宗海位置图、宗海界址图和宗海平面布置图编绘的主要内容、编绘方法和技术要求；

宗海图图式图例部分，给出了宗海界址点、宗海界址线、不同用海方式宗海界址单元图斑编绘的统一图式，以及宗海位置图、宗海界址图和宗海平面布置图的编绘规范版式，以便规范宗海图编制色彩、格式、尺寸、图式、版式，达到指导宗海图准确、规范、简明编绘的目标；宗海图编绘范例部分，给出了竣工验收前含多宗宗海的用海项目、竣工验收后含多宗宗海的用海项目、海上风电项目、海底管线（电缆）项目、含相邻用海的用海项目等，供不同用海类型的宗海图编绘参考。

二、海籍调查规范与宗海图编绘技术规范区别

2008 年，国家海洋局为加强海域使用管理，进一步完善海籍管理制度，印发了《海籍调查规范》，全面规范、指导海籍调查工作。作为海籍调查主要成果的宗海图是海域管理工作的基础性资料，规范、美观的宗海图对于提升海域管理工作的精细化水平具有重要意义。《宗海图编绘技术规范》是针对宗海图编绘工作的技术性规范，继承了《海籍调查规范》中关于宗海图编绘的基本要求，同时对于日益复杂的用海情况也做出了相关要求，能够满足新形势下海域管理工作的需求。总体来说，《宗海图编绘技术规范》是《海籍调查规范》的细化，与《海籍调查规范》衔接较好。

《海籍调查规范》（HY/T 124—2009）发布已有 6 年之久，在实施过程中其部分要求与海域管理、海籍调查的实际存在着一定的差距，考虑到以上因素《宗海图编绘技术规范》对《海籍调查规范》中关于宗海图绘制的部分进行了调整，具体包括以下内容：

（1）《海籍调查规范》中没有对宗海平面图做出具体规范，而《宗海图编绘技术规范》增加了宗海平面布置图，同时也做出了具体的编绘要求。

（2）《宗海图编绘技术规范》对《海籍调查规范》中用海图斑规定进行了调整

（3）《宗海图编绘技术规范》重新规定了分宗编绘原则为"竣工验收后的填海造地用海，单独分宗编绘，其他填海造地用海不再单独分宗编绘"。

（4）在数字比例尺的基础上增加了线划比例尺，便于查看用海项目尺寸与周边用海项目距离等。取消了宗海界址图比例尺应取 1∶5 000 或更大的限制，改为以能清晰反映宗海的界址点分布及界址范围为宜；为保证图面清晰美观、易于表达关键要素，取消了宗海界址图、宗海位置图中的图例，在宗海位置图中增加了用海位置说明。宗海界址图、位置图的单位信息表中增加了高程基准一栏。

（5）增加了立体用海的绘制说明、明确了海岸线的选取原则、增加了弧形、圆形用海区域的绘制原则。

三、宗海图制图关键内容与技术

（一）宗海图及其组成

宗海图是指记载宗海位置、界址点、界址线及与相邻宗海关系的图件，一般包括宗海位置图和宗海界址图。对于宗海内部单元较多的项目用海，为便于清晰反映宗海内部单元的关系，还须给出宗海平面布置图。其中，宗海位置图是指表示项目用海地理位置、范围、形状及其与周边重要地物位置关系的图件；宗海界址图是反映用海项目具体的平面布置、宗海形状、界址点分布、界址范围、用海面积、类型、用途、用海方式及与相邻宗海位置关系的图件；而宗海平面布置图是反映用海项目内部单元及与相邻宗海平面位置关系的图件。

（二）工作底图

工作底图是宗海图编绘的背景资料，宗海位置图、宗海界址图和宗海平面布置图编绘须置于工作底图之上。工作底图可采用数字线划图或遥感影像，但要包含海岸线、岛屿、礁石等地形要素，等深线、水深点等海洋要素，等高线、居民点、交通线等陆地要素以及海、陆行政界线及注记。

工作底图应采用最新的能反映毗邻陆域与海域要素（海岸线、地名、等深线、明显标志物、海域使用现状等）的国家基础地理信息图件、遥感影像或海图。如采用遥感影像作为宗海界址图底图，遥感影像空间分辨率应不低于 10 米。

（三）图例中颜色和字体大小

1. 颜色使用

经过综合考虑，颜色采用 RGB 系统表示。RGB 系统数值为 R：0-255、G：0-255、B：0-255。RGB 值越大，就越亮，当 RGB 值都为 255 时为白色，相反全为 0 时为黑色。

2. 字体、线宽及点径单位说明

在《宗海图编绘技术规范》中规定的字体的计量单位为"K",线宽及点径计量单位均为"毫米(mm)"。需要指出的是,常用制图软件 AutoCAD 和 ArcGIS 中单位的选择应用有所不同。AutoCAD 中默认的单位取值单位为长度计量单位,如米、厘米或毫米等。而 ArcGIS 中默认的计量单位为"磅(point)"单位,1 磅 = 0.352 7 毫米。因此,在应用不同软件制图时须注意单位的转换。

3. 字体大小说明

《宗海图编绘技术规范》采用的汉字字体为宋体,英文字体为"Times New Roman"。规范图件上字号大小采用级数制(J 或者 K)来表示。级数制是根据手动照排机上控制字形大小的镜头的齿轮来确定的,每移动一个齿轮为一级,并规定 1 级(K)= 0.25 毫米。需要指出的是,在 ArcGIS 软件中,没有"K"的计量单位,因此,在应用该软件制图时应注意单位转换,应以"毫米"作为计量单位进行制图。

(四)海底电缆(管线)等条带状用海宗海界址图编绘

对于海上风电、海底电缆(管线)等用海平面布局比较复杂或所占用海域跨度较大的用海类型,为同时反映宗海的形状以及界址点分布情况,宗海界址图可采用在整体反映宗海平面分布情况的基础上,采用局部不等比例方式移位编绘,以清晰反映宗海界址点分布为宜。对于更为复杂的宗海界址图,可采取总体编绘宗海空间布局的基础上,就重要宗海界址局部部位,采用分幅编绘的方式,展示宗海不同界址部位的界址线走向。

对于立体确权用海,本宗海按照规范相关要求编绘,与本宗海发生重叠的宗海,按照毗邻宗海处理,重叠部分只体现本宗海图斑。

(五)界址点坐标精度调整说明

在《海籍调查规范》中规定:"位于人工海岸、构筑物及其他固定标志物上的宗海界址点或标志点,其测量精度应优于 0.1 米"。《宗海图编绘技术规范》中将界址点坐标精度调整到小数点后 3 位。原因在于《海籍调查规范》中对面积的测算精度要求以"公顷"为计量单位,保留小数点后 4 位。经测算,若保证宗海单元的面积精度，界址点的坐标精度必须精确到小数点后 3 位。因此，《宗海图编绘技术规范》对界址点坐标精度做出了调整。

（六）界址点编号的顺序调整说明

在《海籍调查规范》中规定："界址点编号采用阿拉伯数字，从 1 开始，连续顺编。"而没有明确具体的编号原则，导致之前的宗海图制作编号原则不统一的问题。《宗海图编绘技术规范》对界址点编号的顺序重新做出了规定："从每一用海单元左下角开始标注，界址点编号统一采用阿拉伯数字，从 1 开始逆时针方向连续顺编"。本研究将其定义为"左下角原则"。

第二节　填海项目竣工海域使用
验收相关（配套）技术标准

一、文件出台背景

填海项目竣工海域使用验收是指填海项目竣工后，海洋行政主管部门对海域使用权人实际填海界址和面积、执行国家有关技术标准规范、落实海域使用管理要求等事项进行的全面检查验收，是海洋行政主管部门对填海项目进行监督管理的重要体现。

根据《海域使用管理法》和《海域使用权管理规定》等有关法律法规的规定，2007 年国家海洋局印发《填海项目竣工海域使用验收管理办法》，以此加强对填海项目的监督管理，规范填海项目竣工海域使用验收工作。

为了贯彻落实国务院推进简政放权、放管结合、优化服务的指示精神，进一步规范填海项目竣工海域使用验收工作，国家海洋局对《填海项目竣工海域使用验收管理办法》相关内容进行了修订，2016 年 5 月正式下发（国海规范〔2016〕3号）执行。

目前填海项目竣工验收主要参照该管理办法执行，填海项目竣工验收测量成果质量直接影响到填海项目竣工验收工作的整体水平，影响到海洋行政主管部门的监督管理，因此迫切需要规范填海项目竣工验收测量工作，以此提升填海项目竣工验收工作的工作质量。

二、填海竣工海域使用验收法律依据及相关规范

（一）《中华人民共和国物权法》

《中华人民共和国物权法》已由中华人民共和国第十届全国人民代表大会第五次会议于 2007 年 3 月 16 日通过，自 2007 年 10 月 1 日起施行。其中第五章第四十六条规定："矿藏、水流、海域属于国家所有。"第一百二十二条规定："依法取得的海域使用权受法律保护。"

（二）《中华人民共和国海域使用管理法》

《中华人民共和国海域使用管理法》已由中华人民共和国第九届全国人民代表大会常务委员会第二十四次会议于 2001 年 10 月 27 日通过，自 2002 年 1 月 1 日起施行。其中第四章第三十二条规定："填海项目竣工后形成的土地，属于国家所有。海域使用权人应当自填海项目竣工之日起三个月内，凭海域使用权证书，向县级以上人民政府土地行政主管部门提出土地登记申请，由县级以上人民政府登记造册，换发国有土地使用权证书，确认土地使用权。"

（三）《海域使用权管理规定》

2006 年 10 月 13 日国家海洋局发布了关于印发《海域使用权管理规定》的通知。其中第八章第五十二条规定："填海造地项目在施工过程中应当进行海域使用动态监测。审核机关应当对填海造地项目组织竣工验收；竣工验收合格后，办理相关登记手续。"

（四）《填海项目竣工海域使用验收管理办法》

2016 年 5 月 16 日国家海洋局发布了关于修订《填海项目竣工海域使用验收管理办法》的通知。对《填海项目竣工海域使用验收管理办法》相关内容进行了修订。并同时废止《关于印发〈填海项目竣工海域使用验收管理办法〉的通知》（国海发〔2007〕16 号）。其中指出："填海项目竣工后，海洋行政主管部门对海域使用权人实际填海界址和面积、执行国家有关技术标准规范、落实海域使用管理要求

等事项进行的全面检查验收。"

（五）《填海项目竣工海域使用验收测量技术要求》［国海规范（2016）7号）］与《填海项目竣工海域使用验收测量报告编写大纲》［国海规范（2016）7号）］

《填海项目竣工海域使用验收测量技术要求》（国海规范〔2016〕7号）明确了外业测量工作中控制测量、界址测量等和内业整理中测量资料处理分析、面积计算、图件编绘、报告编写等工作内容，针对外业测量工作和内业整理工作进行了规范。《填海项目竣工海域使用验收测量报告编写大纲》对填海项目竣工海域使用验收测量报告的正文内容进行了规定。

（六）《海籍调查规范》（HY/T 124—2009）

根据《海籍调查规范》（HY/T 124—2009），填海造地用海范围界定方法为"岸边以填海造地前的海岸线为界，水中以围堰、堤坝基床或回填物倾埋水下的外缘线为界。"

三、填海项目竣工海域使用验收测量技术要求相关问题说明

为遵循与现行相关标准之间的协调，避免重复和矛盾的原则：

（1）坐标转换参照《大地测量控制点坐标转换技术规程》执行；

（2）控制网布设参照《全球定位系统（GPS）测量规范》（GB/T 18314—2009）、《全球定位系统实时动态测量（RTK）技术规范》（CH/T 2009—2010）执行；

（3）除与原有陆地边界的界址外其余界址测量方法和面积计算参照《海籍调查规范》（HY/T 124—2009）执行；

（4）成果图件及其工作底图的绘制应符合《国家基本比例尺地图编绘规范》（GB/T 12343—2008）、《国家基本比例尺地图图式》（GB/T 20257—2007）、《中国海图图式》（GB 12319—1998）、《海籍调查规范》（HY/T 124—2009）、《宗海图编绘技术规范》的要求。

四、填海项目竣工验收关键问题与技术

(一)"内陆型"填海项目竣工海域验收测量的施测方法

对于一宗独立的填海项目竣工海域使用验收测量,采用的技术方法是通过使用陆域 RTK 测量和水上侧扫声呐测量综合确定填海海域使用的外、侧界址线。对于采用斜坡式或阶梯式护岸结构的填海区域,需增加沿填海区域的近岸水深测量,反映水下地形地貌,以作为判断护坡水下外缘线的依据。

而对于政府统一规划,由各海域使用权人单位共同进行的大范围填海造地,在对其中一部分填海区域验收时,会出现项目四周均已填筑成陆地,验收填海区域批复边界消失的情况。显然,对于这种"内陆型"填海项目竣工海域的验收测量,传统测量方法不再适用。这时应根据实际情况,对填海区的内侧边界采用项目用海批复中经批准的原始海岸线;而对填海区的外、侧边界则宜采取施工单位放样原批复界址点,验收测量单位在放样点位进行检测的方法,若检测结果合格,可认为填海位置、面积无误,采用批复界址点作为验收实测界址点。目前,这种界址点的检测尚无明确统一的合格标准,通常以放样点与检测点较差在 5 厘米以内为限。

(二)竣工验收测量边界线的界定

填海造地指筑堤围割海域填成土地,并形成有效岸线的用海方式。根据《海籍调查规范》:"围海造地用海,依下列界址线界定:①内界址线为围海造地前的海岸线或人工岸的连线;②外侧界址线为人工堤坝基床外缘线。"

1. 竣工验收测量外边界线的界定

为防潮防浪,多数填海项目都有修筑护岸进行防护,护岸结构形式一般可分为直立式、阶梯式及斜坡式。直立式护岸的坡顶线和坡脚线在同一个垂面上,在验收测量时,通过测量其护岸坡顶线即可量算出整个填海项目的实际填海面积。对于阶梯和斜坡式护岸的填海项目,由于坡顶线与坡脚线不在一个垂面上,其填海界址范围确权至护岸坡脚线。然而,在《海籍调查规范》中"外缘线"的定义模糊,在通常情况下,斜坡式结构填海项目,水下外缘线为水下斜坡与海底泥面相交线,不包括泥下部分。

在验收测量中，斜坡式护岸的水下坡脚线采用侧扫声呐往复测方式进行扫侧，再通过声图影像解析判断坡脚位置。在侧扫声呐声图解译中，需结合项目施工设计资料，从而合理准确地判定坡脚线位置，确定填海区域外边界。

2. 竣工验收测量内边界线的界定

对于填海区域的内边界，宜采用项目用海批复中经批准的原始海岸线，如在2008年以后进行验收测量，海岸线一般采用法定海岸线资料。

实际验收测量工作发现，有相当一部分填海区域的批复内界址线为批复时的现状海岸线，这一部分填海区域的批复时间通常在2008年以前，由于当时国家海域管理体系不完善，这些区域普遍存在竣工而未验收的情况。近年来，随着国家海域管理的逐步规范，这些填海区域亟待测量验收从海域转为土地，故很多项目延至2008年以后才组织测量验收。对着这种情况，如若按照通常的内边界界定方法"在2008年以后进行验收测量，海岸线一般采用法定海岸线资料"显然是不合理的。在面积量算中，由于批复时的现状海岸线与"08法定海岸线"不重合，势必会造成面积超填或少填的情况：若原始海岸线在"08法定岸线"靠近陆地一侧，会造成原始岸线与法定岸线之间区域的少填现象；若原始海岸线与"08法定岸线"靠近海域一侧，则会造成原始岸线与法定岸线之前区域的超填现象，对于这种情况，还要核查这一超填区域的权属情况，如果依然为海域使用权人所有，与周边区域无权属冲突，则视为超填区域；若不归海域使用权人所有，则不应划归为超填面积；对于原始岸线与法定海岸线交叠的情况，则会出现多块沿岸线的超填、未填区域，这种情况则更为复杂。

如今，原始岸线与法定岸线之间区域的界定依然是困扰海域管理部门及土地管理部门的一个棘手问题。因此，亟待国家相关管理部门出台相关管理办法以规范相关部门管理，保障海域使用权人利益。

3. 竣工验收测量成陆范围的界定

填海项目竣工海域使用验收测量是填海海域从海域转为陆地，向国土部门申请换发土地证前的一个规定程序，是国土部门核准土地面积的依据，因此，在验收测量填海范围的同时也要量测填海区域的成陆面积。

多数填海项目建有阶梯式或斜坡式护岸，由于部分护岸淹没于海水之下，显然将这部分认定为土地是不合理的，而实际上国土部门在换发土地使用证时也往往只界址至坡顶线。因此，测量单位在测量护岸坡脚线确定填海外缘线的同时，还需测量护岸的坡顶线，并将成陆边界及面积反映在测量报告及附图中。

（三）竣工验收测量面积量算相关问题

填海项目竣工海域验收测量的目的是通过对实际填海边界进行测量，将实测范围面积与海域使用权证上批复的范围面积进行比对，从而确定填海位置及面积是否与权证相符。

在核算批复面积时，通常会出现核算面积与批复面积不符的情况。总结下来，共归于三类原因：

第一类，主要由于原批复界址点的坐标系或投影带与验收测量的成图坐标系及投影带不符，造成面积差异；其次，大地坐标与平面坐标之间的相互转换也是造成精度损失的重要原因；此外，批复界址点坐标的保留位数也影响着坐标精度，进而造成面积误差。在我国海域使用管理初期，海域使用管理相关技术规范及文件尚未颁布，测绘基准没有统从而导致当时批复的海域存在坐标系不同（以1954年北京坐标系为主），投影带不统一（以3°分带为主），界址点大地坐标小数位数不统一等问题，这与《海籍调查规范》中规定的采用WGS-84坐标系，0.5°分带不符。由于测量精度的提高，陆地作业精度均可达到厘米级，因此，界址点坐标小数一般保留3位。此类原因造成的面积差异非常普遍，属于误差范畴，很难避免，造成的面积差异很小，通常在面积核算中采用原批复填海面积进行计算。

第二类，此类填海项目有弧形边缘，权证中的批复面积为以弧形为边缘的面积，而在权证界址点坐标表中只选取弧上的折点为界址点，并未标明弧形边缘的圆心坐标及弧度。在验收测量单位核算批复面积时，只能通过权证上的界址点连线核算批复面积，这样计算得出的是多边形面积而非弧形面积，其结果势必存在较大出入。在进行面积比对分析时，由于原批复弧形边缘变为折线，对超填、未填区域的面积核算也造成困扰。若采用原批复面积作为核算面积，那么就与超填、未填区域面积计算方法不统从而造成面积核算错误；若采用权证上界址点连成的多边形面积，则对于面积量算更不合理。因此，对于这种有弧形边缘的填海区域，建议在海域使用权证中增加弧形边缘的数学参数。

第三类，这一类的批复面积与核算面积存在很大差异，属于面积核算错误。这类错误可能是由于海域使用权证填写错误而导致的。在确定界址点坐标无误而批复面积存在错误的情况下，建议上报相关部门，请上级部门指派相关测量人员重新核算批复面积。在重新核算并确定面积后，进行返还或补缴海域使用金。

（四）填海竣工海域使用验收历史遗留问题

虽然国家海洋局已经颁发了相关的法规及技术规范，建立了海域使用管理法规和技术体系，但仍存在不完善、技术规范缺乏、验收标准模糊等问题，造成部分填海项目因历史遗留问题的存在而无法进行验收。使海域资源不能向土地资源转化，造成了某种程度的资源浪费。

1. 填海竣工海域使用验收历史遗留问题分析

（1）填海造地项目获批时，《海籍调查规范》还未施行，而项目的竣工验收在2009年之后。

《海籍调查规范》2009年施行，在海籍调查规范中明确了宗海界址界定。在此之前，并没有对宗海界址界定进行规范，部分填海项目以坡顶线作为向海一侧界址边缘（图2-1）。由于历史原因某些项目在2009年之后进行验收。依据《海籍调查规范》规定："岸边以填海造地前的海岸线为界，水中以围堰、堤坝基床或回填物倾埋水下的外缘线为界"，这使填海项目在竣工验收时，界址及面积不符。水下护坡为项目的整体，同样占用海域资源，应统一确权发证并缴纳海域使用金。

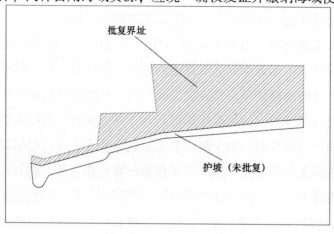

图 2-1　填海项目护坡未界定权属示意

（2）填海造地项目获批时，地方管理岸线还未公布，而项目的竣工验收在此之后。

管理岸线是地方海洋管理部门对项目用海权属的管理依据。部分填海项目在地方管理岸线公布之前就已经获批，向陆一侧以实测岸线作为界址边缘。海岸线由于多年的侵蚀或项目建设，使岸线发生改变，填海项目出现了获批时向陆一侧界址边缘位于陆地（图2-2）。

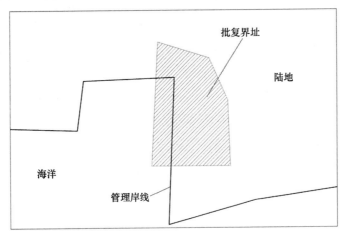

图2-2　填海项目向陆一侧超越管理岸线界定权属示意

（3）批复的相接项目用海存在重叠和留有缝隙。

项目间界址边界存在重叠和留有缝隙的原因在于：一是当时的海洋测绘技术及仪器设备相对比较落后，没有达到现在的水平；二是当时没有建立"国家海域动态监视监测管理系统"，没有实现海域统一配号，空间分析难度较大，没有条件解决相接用海的重叠和缝隙问题。而出现重叠和缝隙，直接将影响竣工验收时对项目的权属界定（图2-3）。

2. 填海竣工海域使用验收历史遗留问题解决方法及途径

（1）依据相关法律法规进行填海竣工海域使用验收。

建设填海项目进行填海竣工海域使用验收时，应严格遵守现行的《中华人民共和国物权法》《中华人民共和国海域使用管理法》《海域使用权管理规定》和《填海项目竣工海域使用验收管理办法》中的相关规定。但由于历史遗留问题的存在，有些项目没有及时进行验收。例如，有些地方政府海洋管理部门没有明确规定填海

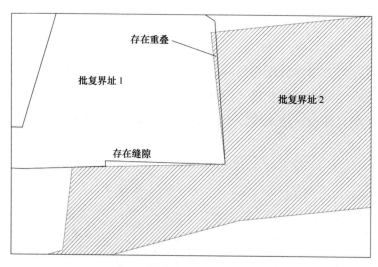

图2-3　填海项目权属间存在缝隙和重叠关系示意

竣工海域使用验收。针对这样的问题，应由地方政府海洋管理部门对此类项目组织普查，并一一开展验收。

（2）依据现行的海域使用相关规范进行填海竣工海域使用验收。

建设填海项目进行填海竣工海域使用验收时，应严格遵守《海籍调查规范》（HY/T 124—2009）、《填海项目竣工海域使用验收测量技术要求》等相关技术规范。对于在2009年以前获批的，同一个，其中批复界址未包括护坡的建设填海项目，采用分步验收的方法。所谓分步验收是指坡顶及向陆一侧范围作为一部分进行验收，护坡界址范围作为另一部分进行验收。采用分步验收，将解决2009年以前获批建设填海项目因不符合现行的相关规范和技术导则无进行验收的历史问题。但是，需要说明的是分步验收中每部分验收时应严格遵守相关技术规范进行验收。

（3）对未确权的护坡部分进行海域使用金补缴处理。

《中华人民共和国海域使用管理法》第五章第三十三条规定："国家实行海域有偿使用制度。单位和个人使用海域，应当按照国务院的规定缴纳海域使用金……"

对未确权的护坡部分确定界址范围并确权，按其海域使用面积进行海域使用金补缴。海域使用金补缴后，对其进行填海竣工海域使用验收。

（4）管理岸线向陆一侧部分作为项目整体验收。

在公布管理岸线的海域，由于建设填海项目获批较早，项目可能被管理岸线分割为两个或多个部分。项目本身为一个整体，应统一进行填海竣工海域使用验收。验收过程中，地方海洋管理部门需同土地管理部门进行沟通和协调，并达成一致，形成协议。

第三节　重点区域海域使用权属核查相关技术标准

一、文件出台背景

《中华人民共和国海域使用管理法》实施 10 年来，全国累计确权登记海域使用权近 6 万宗，现行有效在册的海域使用权约 3.65 万宗。由于受海域环境和技术条件影响、权属信息变更、技术标准调整、用海遗留问题等因素影响导致实际用海情况与批准用海情况并不相符，甚至在一些用海密集区，发生用海重叠、上陆、图形严重失实、坐标飘移、用海类型与用海方式逻辑不一致等问题。解决以上问题的根本在于全面开展海域使用权属核查工作，海籍调查是海域使用管理的必需和常规性手段，编制海域使用权属核查有关规程，并以此来指导海域使用权属核查工作，使各级政府和海洋部门及时准确掌握海域使用权属数据，从而更好地履行海洋综合管理职责，为实现海域精细化管理提供技术依据。

《重点区域海域使用权属核查技术规程》编制从 2014 年 6 月开始，起初为落实海域综合管理重点工作要求，加强海域权属管理，提高海域使用行政审批效率，针对部分重点区域开展了海域使用权属核查工作。2015 年 1 月，形成《重点区域海域使用权属核查技术规程》（草案），2015 年 4 月，国家海洋局以规范性文件（海办管字〔2015〕319 号）形式对其进行了下发，要求河北省沧州市渤海新区、山东省日照市岚山区、浙江省温州市平阳县、广东省湛江市霞山区 4 个区域参照执行，2016 年 7 月，海办管字〔2016〕50 号对修订后的《重点区域海域使用权属核查技术规程》进行了印发。

根据海域使用权属核查技术要求的特点，《重点区域海域使用权属核查技术规程》在界定海域使用权属核查定义、核查对象、内容与方式、主要工作流程和一般技术要求的基础上，主要给出了内业核查、外业调查、数据整理和核查成果验收与归档的技术要求。在相关图表范例部分，给出了海域使用权属原始信息汇总表、疑问数据汇总表、疑问数据统计图示例、现场测量图示例等，达到指导权属核查数据及图示准确、规范、统一的目标。

二、海域使用权属核查必要性

《中华人民共和国海域使用管理法》（以下简称《海域法》）颁布实施以来，各级海洋管理部门深入贯彻落实《海域法》，保障了沿海地区交通运输、临海工业、城镇建设、旅游休闲等用海需求，促进了全国海域的合理开发和可持续利用，有效提升了海域综合管控能力，为国家沿海战略发展全面实施提供了强有力的支持。近年来，海域管理体系日趋健全，管理制度建设不断增强，逐步由粗放式管理向精细化管理转变，尤其是随着2012年全国海域使用权证书统一配号的全面实施，新增的用海权属数据实现了实时入库和动态管理，标志着我国的用海权属管理进入一个新的阶段。受海域自然环境的特殊性、权属信息变更、技术标准调整、用海遗留问题等因素影响，实际工作中出现了批用不一、重叠飘移、图形失实、用海类型与用海方式逻辑不一致等问题，导致海域使用权属数据失准或遗漏，严重影响了海域使用行政审批和登记工作效率，制约了管理制度精细化提升，解决以上问题的根本在于全面开展海域使用权属核查工作。

海域使用权属核查是指海域使用权属核查指为摸清海域使用权属现状以及掌握准确完整的海域使用人、用海面积、用海类型、用海用途、用海方式和用海期限等海域使用权属数据，依法进行的核实和勘测行为。海域权属核查作为新形势下我国海域权属管理的一个新尝试，通过实地调查获得全面、真实、可靠的海域权属基本数据，在精准掌握用海状况信息，优化配置海域资源，提高海域开发综合管理协调能力，支撑地方综合决策等方面具有重要意义，是海域资源管理领域今后的重点工作之一。

三、海域使用权属核查关键问题与技术

（一）海域使用权属核查关键环节与技术

通过核查实践，重点区域的合理选择、自上而下的组织结构、准确有效的数据资料、精密科学的坐标转换、先进高效的测量方法、科学合理的用海界定是保证核查工作成效的关键环节。

（1）重点区域选取。根据重点区域选取的原则，只有科学合理地选择重点区域，才能客观准确地反映目前海域使用权属管理中存在的代表性、典型性问题，达到试点的目的。

（2）组织实施。海洋行政主管部门和技术承担单位各司其职，严密的组织结构是保障核查工作顺利实施的关键。尤其是县级海洋行政主管部门充分发挥属地优势，在核查外业工作开展前逐一电话联系和走访所有用海单位，提前告之核查目的和事项，加强宣传和协调，充分取得用海业主的理解和配合，为核查通知书发放、现场核查测量指界、核查表签字等后续工作的顺利开展疏通渠道。

（3）资料收集应用。资料收集的完整性、准确性、时效性直接关系到后续工作开展的效率和质量。在核查过程中，除充分利用国家海域使用动态监视监测管理系统中的数据外，还要补充收集各级海洋行政主管部门未录入系统的纸质材料、测绘管理部门提供的控制点资料和基础地理底图，以及性价比高的最新国产遥感影像数据如高分系列卫星数据。

（4）坐标系统转换。现有权属数据存在北京 54 坐标系、西安 80 坐标系、WGS—84 坐标系、地方独立坐标系等多个坐标系统，需要统一转换为 CGCS2000 国家大地坐标系。不同坐标系统转换至少需要收集核查区域附近 4 个以上控制点，4 个控制点间距不宜超过 30 千米且均匀分布，同时具有不同坐标系统的坐标，其中 3 个控制点进行 7 参数反算、1 个控制点进行坐标转换精度验证。坐标转换参照《大地测量控制点坐标转换技术规程》执行。

（5）测量方法选择。目前温州沿海地区 CORS（连续运行参考站系统）网已覆盖，核查时只需用 RTK 型 GPS 移动站接收的卫星信号和数据控制中心发送的改正信号，即可实时获得界址点 CGCS2000 国家大地坐标系，定位精度达到厘米级，能满足《海籍调查规程》中界址点精度误差不大于 0.1 米的要求。合理选择测量方法既能保证核查精度，又能提高核查效率、降低核查成本。

（6）实际用海范围的界定。技术规范要求对现场测量的项目用海重新绘制宗海图，由于早期测量精度不高、现场指界人不同、擅自改变用途、超范围用海等多种原因，实测的界址坐标与海域使用权属信息上的界址坐标存在偏差，因此，合理界定实际用海范围是重新绘制宗海图的关键。

（二）海域使用权属核查重点关注疑问用海类型

（1）已确权未使用用海。由于海域使用权人取消了用海计划且宗海用海期限已过，海域使用权人应向海域管理部门申请注销。应根据现场权属核查表，依法注销该宗用海。

（2）位置不准确用海。由于相邻用海有其他疑问用海类型，其他疑问用海经修正后界址点已改变，为与相邻用海间无缝连接，以更新后的界址点为最终界址。应根据权属核查成果和宗海界址图，在重新核算并确定面积后，进行返还或补缴海域使用金，依法变更该类型疑问用海。

（3）坐标系存在问题用海。未采用 WGS—84 坐标系是由于技术标准变更，2002 年《海籍调查规程》和 2009 年《海籍调查规范》规定采用的坐标系不同，导致不同时期批准用海的坐标系不同；坐标系不准确的主要原因是宗海图坐标系标注错误。应根据权属核查成果和宗海界址图，依法变更该类型疑问用海。

（4）用海方式、用途改变用海。此类问题可分两类：一类是 2002 年《海籍调查规程》中只有用海类型的划分而没有用海方式的划分，也没有细分透水构筑物用海方式，因此在 2009 年《海籍调查规范》前港池用海的宗海图中没有给出透水构筑物的界址点坐标和面积；另一类是海域使用权人改变用海方式。应根据权属核查成果和宗海界址图，进行返还或补缴海域使用金，依法变更该类型疑问用海。

（5）过期未注销用海。此类问题可分两类：一类是海域使用权人准备申请注销；另一类是海域使用权人准备申请续期。应根据权属核查成果和宗海界址图，依法注销或续期该类型疑问用海。

（6）登记信息不准确用海。由于海域使用权证书的更换和《海域使用分类》的颁布，二级用海类型在 2009 年 5 月 1 日后做了重新定义，导致 2009 年前登记用海类型的信息与新规范不符。海域使用权人变更属正常用海权属变更。应根据权属核查成果和宗海界址图，依法变更该类型疑问用海。

（7）已使用未确权用海。

四、海域使用权属核查实践的思考与建议

（一）明确核查成果如何应用，问题数据如何解决

各级海洋行政主管部门应根据审批权限对问题数据提出解决方案，按照谁审批、谁负责的原则，依法按程序变更问题权属数据，完善海域使用权属信息。对地方海洋行政主管部门提出的解决方案，建议国家海洋局根据有关法律法规出台指导

性的政策或意见，为地方海洋行政主管部门集中及时地应用核查成果、变更问题权属数据提供工作依据。

（二）完善海域使用动态监视监测系统结构和数据体系

充分发挥分局的区域监管作用，建议各分局成立海区动管中心，负责动管系统海区节点的总体维运，加强对地方动管中心的工作监督和检查，建立协调和信息交流的机制，同时从国家层面尽早出台动态监视监测的技术规范。

对核查发现的坐标不准确问题，建议国家海洋局统一下发文件，对海域使用确权证书进行换发，同时更新系统中的数据，各级海洋行政主管部门应加强海域使用动态监视监测管理系统的管理与应用，对已经换发土地证和已经注销的项目应及时在系统中完成注销流程。

（三）积极推进填海项目竣工海域使用验收工作的开展

为使海洋行政主管部门对填海项目的管理更科学、更精准，及时准确地掌握填海项目用海的实际界址及面积，需对已经完成填海的项目进行竣工验收测量，对于历史遗留下的长期使用但未确权的小渔港、小码头等填海项目、建议从国家层面统一下发文件，出台相关规定，简化办理程序，解决相关问题。

（四）推进开展全国海域核查

从本次核查结果来看，权属信息不准问题比较严重，主要原因还是历史上管理不规范积累下来的问题，全国范围内全面开展权属核查工作十分必要，解决各种遗留问题，为不动产登记做好准备，从而实现海域资源的合理配置和海域管理的精细化。建议申请专项资金开展全国性的海域核查工作，结合中央生态文明体制改革要求、全民所有自然资源资产管理要求等，全面查清我国海域资源家底，建立实物账户和资源动态管理平台，对海域资源使用量和存量实施动态监测和科学管理。

第三章 海域权属测绘案例与评析

第一节 宗海图编绘项目案例与评析

一、宗海图编绘典型案例

本节通过选取 5 个宗海图编绘典型案例，针对宗海图编绘项目特点、主要技术流程和可能出现的典型问题 3 个方面对典型案例从具体实践的角度进行翔实剖析。5 个典型案例包括简单的含多宗海的用海项目、复杂的含多宗海的用海项目、海上风电用海项目、海底电缆管道用海项目和含相邻用海的用海项目。这 5 个典型案例，不仅在项目单体中包含了一般用海项目的用海方式，而且基本能够涵盖一般的申请用海项目。接下来，将介绍不同典型案例各自的代表性。

简单的含多宗海的用海项目，是指项目组成、用海方式和用途等都较为简单的用海项目。本节选用一般的电力工业用海项目作为典型案例之一，其用海包含厂区堆场、船舶停泊前沿码头和港池等。由于厂区堆场和船舶停泊的区域距离较远或不相邻而需要进行分宗编绘。本节选用的用海项目，既具有代表性，又能反映一般性。

复杂的含多宗海的用海项目，无论是从项目自身的复杂性还是从编绘的过程较简单的含多宗海的用海项目都要复杂很多。它代表着项目组成复杂，用海方式多样，用途众多且含两宗以上（含两宗）用海的复杂用海项目。本节选用的电力工业用海项目，项目用海规模较大，包含不同用海单元厂区堆场、船舶停泊码头、取排水口、栈桥和港池等。因为项目的用海布置不同、功能不同，使得各用海之间距离较远或不相邻而需要进行分宗编绘，一般需要进行宗海图平面布置图的编绘。本书想通过对这类用海宗海图编绘实践过程的描述，来解决可能出现的问题。因此，本节选择复杂的含多宗海的用海项目作为宗海图编绘典型案例进行评析。

海上风电用海项目，这类用海项目针对性强，能够反映海上风电用海项目宗海图编绘的一般特性。因此，本文选择海上风电用海项目作为宗海图编绘典型案例之一。

海底电缆管道用海项目，这类用海项目不仅针对性强，能够反映海底电缆管道用海项目宗海图编绘的一般特性，而且能够表达海底电缆出现重叠或交汇情况时如何解决。因此，本节选择海底电缆管道用海项目作为宗海图编绘典型案例之一。

含相邻用海的用海项目，代表着申请用海项目与周边已有（已批）建设项目相邻。如何处理两相邻项目之间的关系这类问题很常见，因此，本节选择此类用海项目作为宗海图编绘典型案例以表达问题解决的途径和方法。

综上所述，整体典型案例的选择原则是：项目既全面，又有针对性；既具有代表性，又能反映一般性；既简单清晰，又涵盖一般用海方式。

二、宗海图案例编绘实践与总结

（一）简单的含多宗海的用海项目

1. 项目位置

项目为电力工业用海项目，其特点是位于岛屿南北两侧，北侧为厂区堆场，南侧为船舶停泊码头及港池，依据《宗海图编绘技术规范》该项目需要分宗编绘。属于典型的简单的含多宗海的用海项目。

2. 主要技术流程

1）确定用海单元及用海方式

通过对项目的基本了解，该项目共包含 3 个用海单元，分别是厂区堆场、船舶停泊码头和港池。厂区堆场的用海方式为建设填海造地用海，船舶停泊码头为建设填海造地用海，港池为港池、蓄水等用海。依据《宗海图编绘技术规范》中指出的分宗编绘原则，该项目共分为 3 宗，建设填海造地用海（厂区堆场）为 1 宗，建设填海造地用海（船舶停泊码头）为 1 宗，港池、蓄水等用海（港池）为 1 宗（图3-1）。

2）界址编绘

首先进行界址点编绘并按照《宗海图编绘技术规范》的编号原则依次进行编

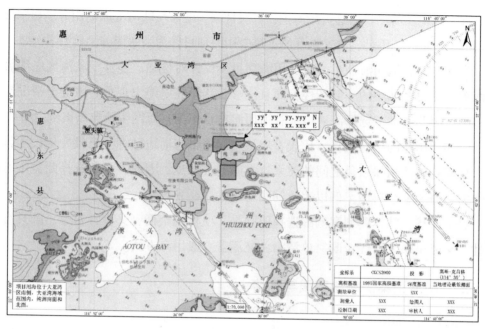

图 3-1　某项目宗海位置

号。北侧厂区堆场为建设填海造地，单独为 1 宗海，以用海单元（界址范围）左下角从 1 开始逆时针方向连续顺编。南侧分别包含船舶停泊码头（建设填海造地用海）和港池（港池、蓄水等用海）两宗用海。同样，以用海单元（界址范围）左下角从 1 开始逆时针方向连续顺编。最终按照规范对界址点同一编绘和标注。接下来，按照界址点的顺序依次连线形成闭合曲线，即为界址线。界址面编绘过程与界址线相同。最后，利用软件计算各用海单元的界址面积，完成项目宗海界址的编绘（图 3-2）。

3）图幅设计

依据《宗海图编绘技术规范》进行宗海图图幅设计，一般是利用制图软件完成。在实践过程中，因为应用制图软件的不同，而产生颜色或标注等制图要素的偏差。由于各制图软件标准不同，为了规范宗海图在同一标准体系下进行编绘，统一规定图斑的颜色设置体系采用"R∶G∶B"，线宽单位采用"毫米（mm）"，标注字体大小单位采用"K"。

3. 总结分析

案例 1 用海单元组成和用海方式比较简单，界址点数量较少，分宗编绘后可以

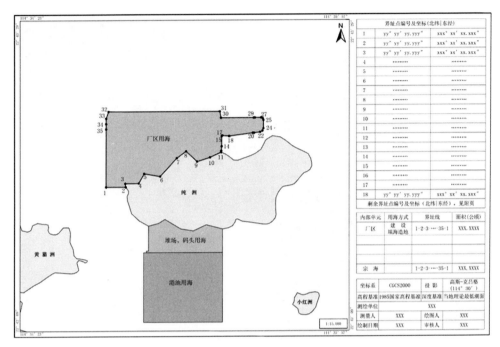

图 3-2 某项目宗海界址

清楚地看出项目的空间分布情况。因此，不需要再进行宗海平面布置图的编绘。填海造地用海应单独分宗，但是案例 1 中的南侧的两宗用海，堆场前船舶停泊码头和港池、蓄水等用海作为 1 宗用海进行编绘（图 3-3 和图 3-4）。在编绘过程中，值得注意的是，有些项目因为工程和预算的需要，堆场前船舶停泊码头的用海方式为非透水构筑物。

（二）复杂的含多宗海的用海项目

1. 项目特点

项目为电力工业用海项目，其特点是位于岛屿东西两侧，东侧为厂区堆场，分为 3 个用海单元，用海方式为建设填海造地。西侧分为两部分：一部分为排水口；另一部分用海单元较为复杂，包括码头栈桥、港池和取水口等用海单元。项目用海规模较大，且图形较为复杂，界址点较多，有一定的编绘难度，具有典型的、复杂的、含多宗海的用海项目特征，依据《宗海图编绘技术规范》该项目需要分宗编绘。

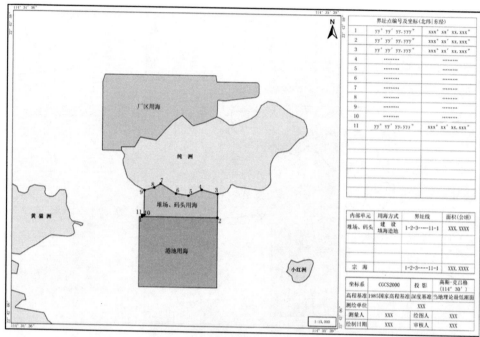

图 3-3　某项目堆场、码头宗海界址

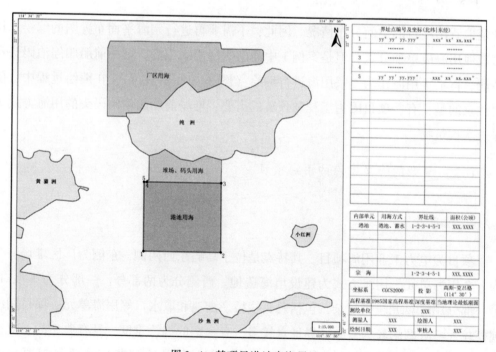

图 3-4　某项目港池宗海界址

2. 主要技术流程

1）确定用海单元及用海方式

通过对项目的基本了解，该项目包含多个用海单元，分别是 3 个厂区堆场、船舶停泊码头栈桥、2 个港池、1 个取水口和 1 个排水口。3 个厂区堆场的用海方式均为建设填海造地用海，船舶停泊码头栈桥为透水构筑物用海，港池为港池、蓄水等用海，取水口和排水口为取、排水口用海。依据《宗海图编绘技术规范》中指出的分宗编绘原则，该项目共分为 3 宗，建设填海造地用海（3 个厂区堆场）为 1 宗，透水构筑物用海（船舶停泊码头栈桥）、港池、蓄水等用海（2 个港池）、取、排水口用海（取水口）为 1 宗，取、排水口用海（排水口）为 1 宗（图 3-5 和图 3-6）。

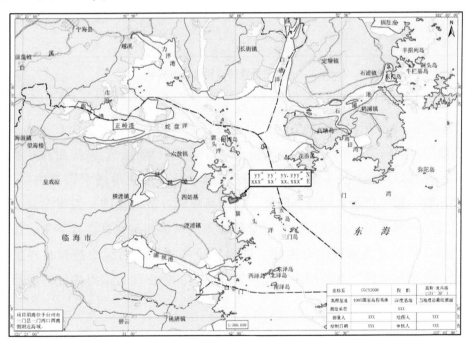

图 3-5　某项目宗海位置

2）界址编绘

首先进行界址点编绘并按照《宗海图编绘技术规范》的编号原则依次进行编号。东侧厂区堆场为建设填海造地，单独为 1 宗海，以用海单元（界址范围）左下角从 1 开始逆时针方向连续顺编，再确定内部单元界址，将东侧建设填海造地分成

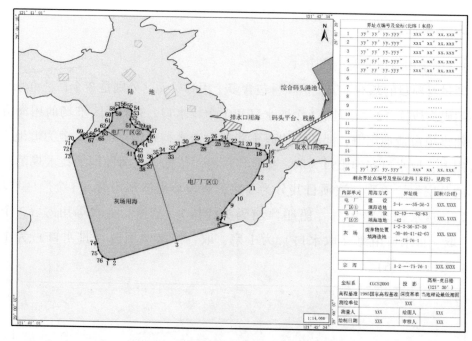

图 3-6　某项目电厂厂区、灰场宗海界址

3 个用海单元，3 个用海单元的界址信息都要在宗海图右侧信息表中有所体现。西侧包括船舶停泊码头栈桥（透水构筑物）、2 个港池（港池、蓄水等用海）和取水口（取、排水口用海）为 1 宗用海。界址点编号顺序依次是透水构筑物→港池、蓄水等用海→取、排水口用海，同样，以用海单元（界址范围）左下角从 1 开始逆时针方向连续顺编。最终按照规范对界址点同一编绘和标注。接下来，按照界址点的顺序依次连线形成闭合曲线，即为界址线。界址面编绘过程与界址线相同。最后，利用软件计算各用海单元的界址面积，完成项目宗海界址的编绘（图 3-7 和图 3-8）。

3）图幅设计

依据《宗海图编绘技术规范》进行宗海图图幅设计，一般是利用制图软件完成。由于本项目界址点的数量较多，需要添加界址点信息表将剩余界址点信息表达清楚。在宗海位置图和宗海界址图编绘完成后，还应编绘宗海平面布置图以清楚地表达各宗海之间的空间关系。

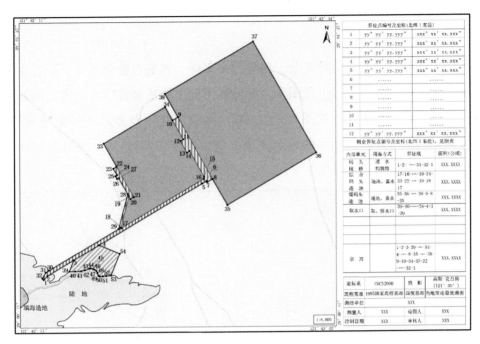

图 3-7　某项目码头栈桥、港池及取水口宗海界址

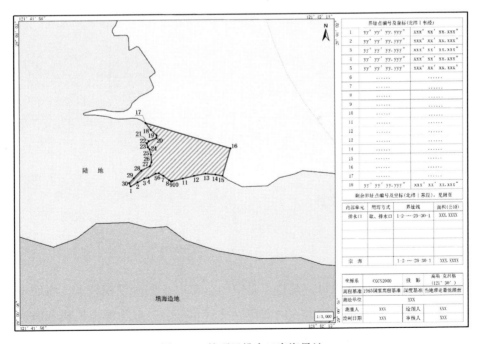

图 3-8　某项目排水口宗海界址

39

3. 总结分析

案例2用海单元组成比较复杂，用海方式多样，界址点数量较多，而且由于各用海单元间距离较远，宗海位置图和宗海界址图无法清楚地看出各宗海之间的空间分布，需要编绘宗海平面布置图（图3-9）。针对这样用海方式多样的用海项目，准确把握不同用海方式界址点编号顺序很重要，不然会影响宗海图编绘的准确性，而因此返工影响整体工程进度。

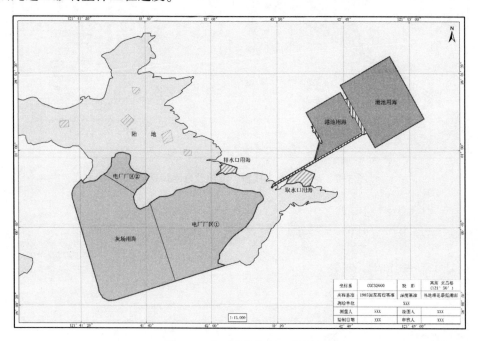

图3-9 某项目宗海平面布置

（三）海上风电用海项目

1. 项目特点

项目为海上风电用海项目，其特点是空间分布广，用海规模较大，海底电缆错综复杂，宗海界址确定难度较大。内部单元比较单一，一般为海上风机和海底电缆组成，属于典型用海项目。

2. 主要技术流程

1）确定用海单元及用海方式

海上风电用海项目进行宗海图编绘的难度是如何准确地确定用海单元，并在此基础上达到准确确定项目宗海范围的目的。案例4用海单元由登陆海底电缆、风机场区内海底电缆和风机3部分组成。登陆电缆确定为同一个用海单元，场区内每两风机连接电缆作为一个单元，由于风机很多，连接风机海底电缆较多，使海底电缆构成的用海单元较多。每个风机作为一个用海单元。该项目的用海方式为两种，分别是海底电缆管道用海（登陆海底电缆和场区海底电缆）和透水构筑物用海（风机）。依据《宗海图编绘技术规范》该项目不需要分宗编绘。

2）界址编绘

在充分了解项目的基本情况后，该项目进行宗海图编绘的关键是确定宗海界址范围。《海籍调查规范》中有明确规定，这里不进行赘述。每个风机作为单独用海单元进行编号，只对风机进行顺序编号。风机编号完毕后，再对海底电缆用海进行编号。需要指出的是，登陆海底电缆之间因为宗海范围存在交汇或重叠，为了避免重复确权应将其进行合并（制图软件可以实现），作为一个整体用海单元进行编绘。按照《宗海图编绘技术规范》的编号原则依次进行编号，以用海单元（界址范围）左下角从1开始逆时针方向连续顺编。最终按照规范对界址点同一编绘和标注。接下来，按照界址点的顺序依次连线形成闭合曲线，即为界址线。界址面编绘过程与界址线相同。最后，利用软件计算各用海单元的界址面积，完成项目宗海界址的编绘。

3）图幅设计

依据《宗海图编绘技术规范》进行宗海图图幅设计，一般是利用制图软件完成。海上风电用海项目一般空间分布比较广，比例尺较小，有些地方不能清晰地表达用海单元的宗海分布情况。因此，采用局部放大图来表达部分用海单元的宗海分布情况（图3-10和图3-11）。对于如何在信息表清楚又全面地表达项目用海的界址信息，海上风电用海项目特征也是较为独特的。海上风电用海项目，界址点和用海单元较多，信息表很难将界址点信息和用海单元信息同时清楚地表达。依次采用将界址点信息以附表的形式表达，可以满足用海单元表达清楚。

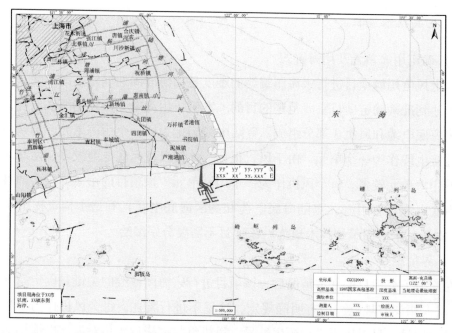

图 3-10 某项目宗海位置

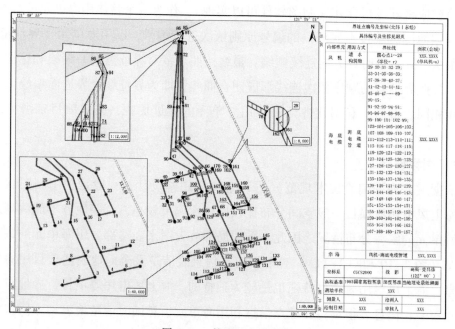

图 3-11 某项目宗海界址

42

3. 总结分析

海上风电用海项目为了保障近岸项目建设的空间资源、近岸景观以及近岸的通航安全等，一般海底电缆向海延伸距离较长，离岸较远，从而增加宗海界址确定的难度，如果返工重新编绘的工作量很大。因此，准确确定用海单元尤为重要。由于空间分布较广，比例尺较小，需要采用局部放大图来表达。

（四）海底电缆管道用海项目

1. 项目特点

项目为海底电缆用海项目，其特点是空间分布广，与已有海底电缆用海存在交汇，用海单元比较单一，属于典型用海项目。

2. 主要技术流程

1）确定用海单元及用海方式

案例 4 用海单元比较单一，用海方式也很清晰。较为复杂的是如何处理申请用海项目与其他已有海底电缆交汇或重叠。处理方法是把重叠部分看做立体确权，不进行切割，把海底电缆整体作为一个用海单元。因此，该项目用海单元为 1 个，用海方式为海底电缆用海，依据《宗海图编绘技术规范》该项目不需要分宗编绘。

2）界址编绘

首先进行界址点编绘并按照《宗海图编绘技术规范》的编号原则依次进行编号。海底电缆用海为 1 个用海单元，以用海单元（界址范围）左下角从 1 开始逆时针方向连续顺编。最终按照规范对界址点同一编绘和标注。接下来，按照界址点的顺序依次连线形成闭合曲线，即为界址线。界址面编绘过程与界址线相同。最后，利用软件计算各用海单元的界址面积，完成项目宗海界址的编绘。

3）图幅设计

依据《宗海图编绘技术规范》进行宗海图图幅设计，一般是利用制图软件完成。海底电缆项目一般空间分布比较广，比例尺较小，特别是海底电缆间交汇或重叠的地方无法清晰地看出具体情况。因此，采用局部放大图来表达部分用海单元的宗海分布情况（图 3-12 和图 3-13）。

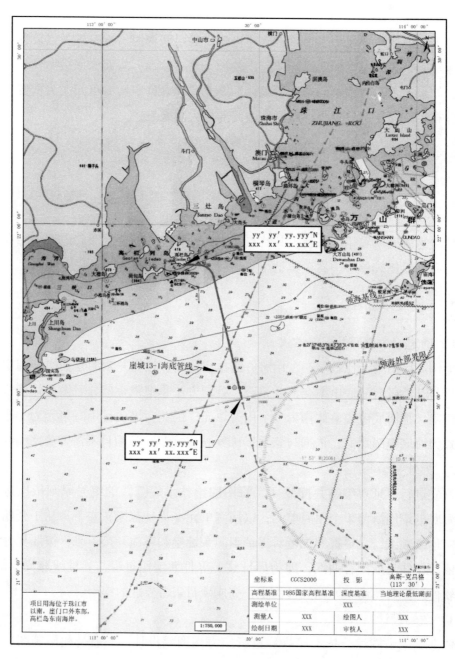

图 3-12　某项目宗海位置

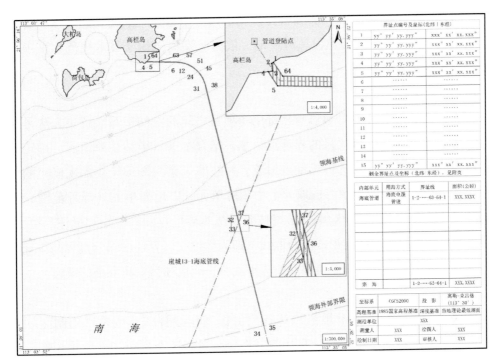

图 3-13　某项目宗海界址

3. 总结分析

海底电缆用海项目宗海图编绘的难点就是如何处理申请用海项目和已有海底电缆的交汇或重叠处的宗海范围。一般采用方法是看做立体确权进行处理。

（五）含相邻用海的用海项目

1. 项目特点

项目为建设填海造地项目，其特点是与其相邻有两个已批项目，用海单元单一。

2. 主要技术流程

1) 确定用海单元及用海方式

案例 5 用海单元比较单一，用海方式比较清晰、简单。复杂之处是如何处理与相邻项目之间的空间关系和相邻项目在该项目宗海图编绘中如何表达。该项目包含1个用海单元，用海方式为建设填海造地，依据《宗海图编绘技术规范》该项目不需要分宗编绘。

2）界址编绘

首先，要处理申请用海项目与已批用海项目之间的空间关系。解决方法是通过资料收集，弄清已批用海项目的界址点信息，结合本项目申请用海情况，确定申请项目用海的界址信息，再进行界址点编绘，并按照《宗海图编绘技术规范》的编号原则依次进行编号。建设填海造地为1个用海单元，以用海单元（界址范围）左下角从1开始逆时针方向连续顺编。最终按照规范对界址点同一编绘和标注。接下来，按照界址点的顺序依次连线形成闭合曲线，即为界址线。界址面编绘过程与界址线相同。最后，利用软件计算各用海单元的界址面积，完成项目宗海界址的编绘。

3）图幅设计

依据《宗海图编绘技术规范》进行宗海图图幅设计，一般是利用制图软件完成。申请用海项目与已批相邻项目用不同图斑表达，这在规范中有明确说明，不再赘述（图3-14和图3-15）。

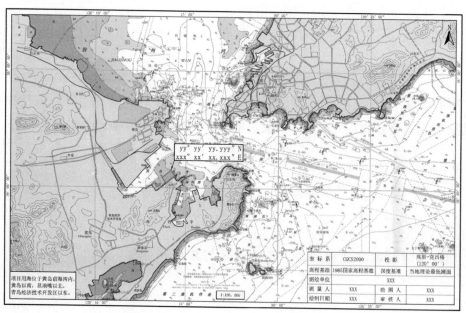

图3-14　某项目宗海位置

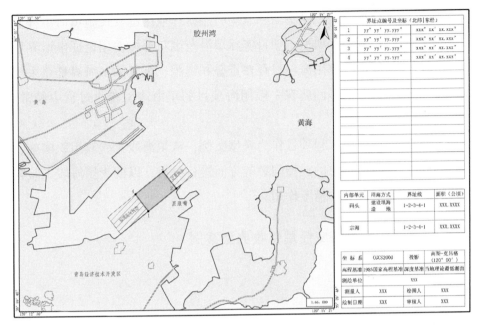

界址点编号及坐标（北纬\东经）		
1	yy°yy′yy′.yyy″	xxx°xx′xx.xxx″
2	yy°yy′yy′.yyy″	xxx°xx′xx.xxx″
3	yy°yy′yy′.yyy″	xxx°xx′xx.xxx″
4	yy°yy′yy′.yyy″	xxx°xx′xx.xxx″

内部单元	用海方式	界址线	面积（公顷）
码头	建设填海造地	1-2-3-4-1	XXX.XXXX
宗海		1-2-3-4-1	XXX.XXXX

坐标系	CGCS2000	投影	高斯-克吕格（120°00′）
高程基准	1985国家高程基准	深度基准	当地理论最低潮面
测绘单位		xxx	
测量人	XXX	绘图人	XXX
绘制日期	XXX	审核人	XXX

图 3-15　某项目宗海界址

3. 总结分析

含相邻用海的用海项目宗海图编绘的难点就是复杂之处是如何处理于与相邻项目之间的空间关系和相邻项目在该项目宗海图编绘如何表达。一般解决方法分为两种情况：一种情况是相邻项目为已建项目，这种情况通过现场勘测即可确定申请用海项目的界址信息；另一种情况是相邻项目为已批项目，这种情况则需要通过查阅资料来完成界址信息的确定。

第二节　填海项目竣工海域使用验收案例与评析

一、填海项目竣工海域使用典型案例选取

本节通过选取旅顺龙王塘郭家沟村旅游作业区配套设施填海工程，针对填海工程用海基本情况、测量实施流程、用海面积和重点难点等几个方面对典型案例从具

体实践的角度进行分析。旅顺龙王塘郭家沟村旅游作业区配套设施填海工程通过填海建设旅游设施，工程类型典型；项目实际填海范围与海域使用论证申请界址范围局部发生变化，与周边相邻用海项目存在重叠和缝隙，批复的宗海界址点采用的是大连城建坐标系，这些典型问题在一般用海项目的填海竣工验收过程中经常遇到，技术问题典型。

因此，本节选用填海工程项目作为典型案例，从填海竣工验收组织实施、竣工验收测量分析以及亟待解决的典型问题等方面进行分析，以期为填海竣工验收测量项目起到代表性和一般性的借鉴作用。

二、填海项目竣工海域使用验收典型案例

（一）项目背景

旅顺龙王塘郭家沟村旅游作业区配套设施填海工程于 2012 年 7 月开始施工，到 2013 年 10 月工程结束。为了加强海域使用管理，掌握该工程项目用海的实际界址及面积，根据国家海洋局《填海项目竣工海域使用验收管理办法》的规定要求，需对旅顺龙王塘郭家沟村旅游作业区配套设施填海工程项目进行竣工验收测量，为海洋行政主管部门对该项目验收提供科学依据。

受大连旅顺龙盛水产有限公司委托，大连黄渤海海洋测绘数据信息有限公司承担该工程的竣工海域使用验收测量工作。2017 年 5 月 2 日，大连黄渤海海洋测绘数据信息有限公司、国家海洋环境监测中心和大连旅顺龙盛水产有限公司（工程项目用海单位）共同对旅顺龙王塘郭家沟村旅游作业区配套设施填海工程进行现场验收测量。

（二）项目用海基本情况

1. 项目用海位置

为整治塔河湾旅游区环境，完善旅游设施，提升旅游服务功能，适应旅游市场需求，当地通过填海建设旅游设施。旅顺龙王塘郭家沟村旅游作业区配套设施填海工程位于大连市旅顺口区龙王塘街道郭家沟附近海域，用海范围为 38°49′27″—38°49′14″N，121°38′25″—121°20′41″E（图 3-16）。

该项目周边相接用海包括旅顺郭家沟村旅游作业区填海工程项目（已确权）和

图 3-16　旅顺龙王塘郭家沟村旅游作业区配套设施填海工程地理位置示意图

旅顺龙王塘郭家沟旅游作业区配套设施填海续建工程（正在申请），周边权属项目分布如图 3-17 和表 3-1 所示。

图 3-17　周边权属项目分布

表 3-1　周边用海信息表

序号	项目名称	证书编号	使用权人	权属状态	用海面积/公顷	用海时间	附图
1	旅顺郭家沟村旅游作业区填海工程项目	072101016	大连市旅顺口区龙王塘街道办事处郭家沟村民委员会	已确权	8.477 0	2007/12/11—2057/12/10	图 3-18
2	旅顺龙王塘郭家沟旅游作业区配套设施填海续建工程	—	龙头街道郭家沟村民委员会	正在申请	3.674 1	—	图 3-19

2. 项目用海批准情况

2010 年 2 月，辽宁省海洋与渔业厅要求办理旅顺龙王塘郭家沟村旅游作业区配套设施填海工程项目用海手续（辽海渔域字〔2010〕33 号），批准用海总面积为 8.525 1 公顷，用海性质为经营性，要求施工单位严格按照审批的用途、位置、范围施工作业。大连旅顺龙盛水产有限公司于 2010 年 2 月 5 日获得海域使用权证书，证书相关信息见表 3-2。

表 3-2　旅顺龙王塘郭家沟村旅游作业区配套设施填海工程批复情况

序号	项目名称	证书编号	用海类型（一级类）	用海类型（二级类）	用海方式	宗海面积/公顷
1	旅顺龙王塘郭家沟村旅游作业区配套设施填海工程	国海证102100002 号	旅游娱乐用海	旅游基础设施用海	建设填海造地	8.525 1

项目用海宗海图采用大连城建坐标系、高斯-克吕格投影方式，中央经线为 121.5°E。项目用海宗海图见图 3-20，界址点坐标列表见表 3-3。

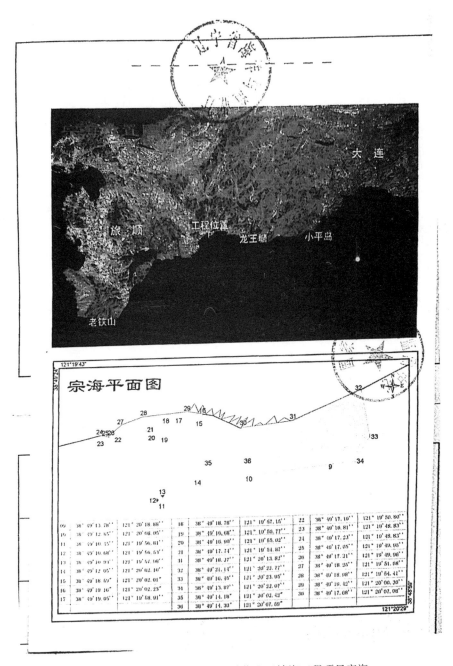

图 3-18　旅顺郭家沟村旅游作业区填海工程项目宗海

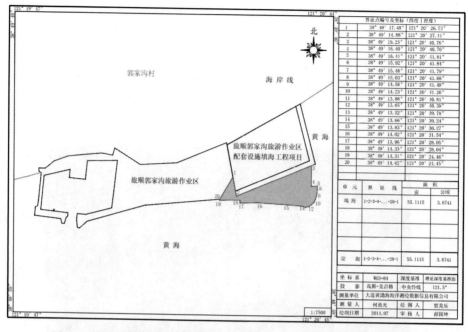

图 3-19　旅顺龙王塘郭家沟旅游作业区配套设施填海续建工程宗海界址

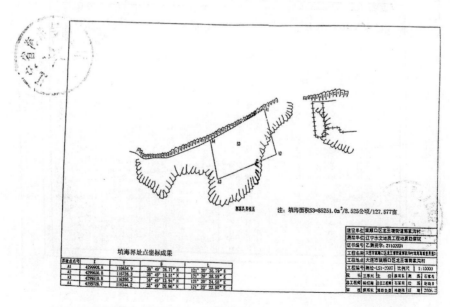

图 3-20　旅顺龙王塘郭家沟村旅游作业区配套设施填海工程宗海界址

表 3-3 旅顺龙王塘郭家沟村旅游作业区配套设施填海工程批复宗海界址点（大连城建）

编号	纬度（N）	经度（E）
A1	38°49′26.71″	121°20′35.79″
A2	38°49′18.51″	121°20′38.59″
A3	38°49′13.94″	121°20′24.58″
A4	38°49′20.96″	121°20′22.80″

3. 项目填海竣工情况

旅顺龙王塘郭家沟村旅游作业区配套设施填海工程 2012 年 7 月开始施工，到 2013 年 10 月工程结束，填海已经竣工，本项目实际填海范围与海域使用论证申请界址范围局部发生变化，同时本项目南侧有新项目（旅顺龙王塘郭家沟旅游作业区配套设施填海续建工程）正在申请，遥感影像和工程现状照片见图 3-21 和图 3-22。

图 3-21 旅顺龙王塘郭家沟村旅游作业区配套设施填海工程遥感影（2016 年 6 月 28 日）

A 码头北侧拐角处   B 后方成陆填海

C 直立式码头   D 码头南侧拐角处

图 3-22 旅顺龙王塘郭家沟村旅游作业区配套设施填海工程现场照片

旅顺龙王塘郭家沟村旅游作业区配套设施填海工程总平面布置根据水文、工程地质、风浪条件，结合水下地形特点等因素确定，填海面积为 8.525 1 公顷。本工程主要工程结构包括直立式码头和成陆填海。直立式码头采用直立式空心块结构，成陆填海采用先建护岸，利用开山石回填。

（三）测量实施

1. 测量仪器基本情况

1）单位资质与仪器设备

本次竣工验收测量工作受大连旅顺龙盛水产有限公司委托，大连黄渤海海洋测绘数据信息有限公司承担旅顺龙王塘郭家沟村旅游作业区配套设施填海工程填海竣工海域使用验收测量工作。所使用的定位仪器设备为两套南方测绘有限公司生产的 S86 RTK 定位系统，该定位系统 RTK 测量定位精度为水平：±（10 毫米+1×10^{-6}），垂直：±（20 毫米+1×10^{-6}）。根据辽宁省测绘仪器计量站出具的检定结果表明，该套设备的精度完全符合《海籍调查规范》《海域使用面积测量规范》《全球定位系统（GPS）测量规范》等相关规范的要求，可作为本次竣工验收测量工作的仪器设备。

测量单位具有国家测绘地理信息局颁发的乙级测绘资质，有效期至 2019 年 12 月，专业范围包括海洋测绘、海洋权属测绘、海岸地形测量、海洋工程测量等。现场测量人员均持有测绘作业证。

2）辽宁省连续运行基准站综合服务系统（LNCORS）

根据国家海洋局颁布的《海籍调查规范》和《填海项目竣工海域使用验收测量技术要求》中的要求：海籍测量平面控制点的定位误差应不超过±0.05 米，位于人工海岸、构筑物及其他固定标志物上的宗海界址点或标志点，其测量精度应优于 0.1 米，且实际填海界址坐标需包括平面坐标。因此，对于填海工程竣工验收界址点测量精度要求为：

控制点精度：优于±0.05 米；

界址点测量精度：优于±0.1 米。

为了满足上述海籍测量定位精度要求，本次测量工作采用南方灵锐 S86 双频 GPS 接收机进行现场测量，仪器平面测量精度为±1 厘米+1×10^{-6}，高程测量精度为 ±2 厘米+1×10^{-6}。手簿内置工程之星软件，能够快速、方便地实现数据采集。

本项目基于辽宁省卫星导航定位基准站系统（LNCORS），采用南方灵锐 S86 双频 GPS 接收机 RTK 测量模式进行验收测量。辽宁省卫星导航定位基准站系统（LNCORS）于 2015 年底建成并开始试运行，由 68 座 GNSS 基准站和一个数控中心构成，覆盖全省 14.81 万平方千米陆地面积，基准站不仅装载了 GPS 系统，而且还装载了我国自主研发的北斗卫星系统。网络系统全天候运行，24 小时连续实时提供厘米级实时差分 RTK 数据服务。该系统在试运行期间已成功地为城市规划、国土测绘、地籍管理、城乡建设、防灾减灾、气象监测、矿山测量、工程测量等多个行业超过 50 家单位提供了定位基准和精准位置服务，受到社会的广泛认可和关注。该系统的建成应用提升了辽宁省空间定位保障服务能力，推动信息化建设速度，提高快速应急地理信息服务能力，为辽宁国民经济建设、智慧城市建设和公共事业发展提供了可靠的保障。

本项目海域使用权证书为大连城建坐标系，因此本次测量工作除按《填海项目竣工海域使用验收测量技术要求》要求采用 CGCS2000 坐标系外，还需采用大连城建坐标系，以便使得最终测量成果与原有成果资料进行衔接。根据竣工验收的精度要求及项目单位提供的控制点分布情况，实际测量采用南方灵锐 S86 双频 GPS 测量手簿中提供的点校正模式，利用项目单位提供的具有大连城建坐标的控制点进行外业点校正，点校正误差符合精度要求后，利用该点校正模式实测界址点，获取大连城建坐标及 CGCS2000 坐标。

2. 测量基准

投影方式：高斯-克吕格投影

坐标系：CGCS2000 坐标系

中央经线：121.5°E

高程基准：1985 国家高程

深度基准：当地理论最低潮面

3. 控制测量

本次外业测量采用大连市测绘地理信息局提供的 2 个控制点（E 级控制点）进行现场核测。控制点见表 3-4。为确保工程测量精度符合相关规范要求，共采集两组数据见表 3-5，其均值分别为：x1 = * * * * * * * *.518，y1 = * * * * * *.297；x2 = * * * * * * * *.948，y2 = * * * * * *.171；比测结果均值误差分别为：Δx1 = -0.009 米，Δy1 = 0.010 米；Δx2 = 0.026 米，Δy2 = 0.006 米。控制点分布于测区周边（图 3-23 和图 3-24）。

根据现场核测的结果显示，两个控制点保存完整、成果可靠，本次测量结果的点位精度完全符合《海籍调查规范》《海域使用面积测量规范》《全球定位系统（GPS）测量规范》等相关规范的要求，验证了 CORS 提供数据的可靠性。

表 3-4　控制点信息　　　　　　　　　　　　　　　　　　单位：米

序号	x	y
A1	* * * * * * * *.509	* * * * *.307
A2	* * * * * * * *.974	* * * * *.177

表 3-5 控制点现场比测成果

序号	x/米	y/米	Δx	Δy
A1	＊＊＊＊＊＊＊.486	＊＊＊＊＊.281	0.023	0.026
	＊＊＊＊＊＊＊.538	＊＊＊＊＊.276	−0.029	0.031
	＊＊＊＊＊＊＊.529	＊＊＊＊＊.334	−0.020	−0.027
A2	＊＊＊＊＊＊＊.942	＊＊＊＊＊.202	0.032	−0.025
	＊＊＊＊＊＊＊.954	＊＊＊＊＊.149	0.020	0.028
	＊＊＊＊＊＊＊.947	＊＊＊＊＊.161	0.027	0.016

图 3-23 控制点现场比测照片

图 3-24　控制点与项目位置关系

4. 界址测量

本次测量于 2017 年 5 月 2 日完成现场勘测，测量人员对测量仪器进行检核后，依据该项目批复用海位置及工程区现状，对于有明显标志、转折或弧度变化的点进行了现场测量。测量时，将移动站放置在待测点位上，保持测杆垂直，稳定一段时间待测量数据达到精度要求后开始存储点数据，现场测量情况见图 3-25。本次外业测量，共采集了 17 组现场测量数据，现场测量标志点分布及坐标见图 3-26 和表 3-6。

在现场测量时，当地海洋行政主管部门派员见证了测量情况（图 3-27）。

标志点201705-1

标志点201705-2

标志点201705-3

标志点201705-12

标志点201705-15

标志点201705-16

图 3-25　旅顺龙王塘郭家沟村旅游作业区配套设施填海工程验收测量照片

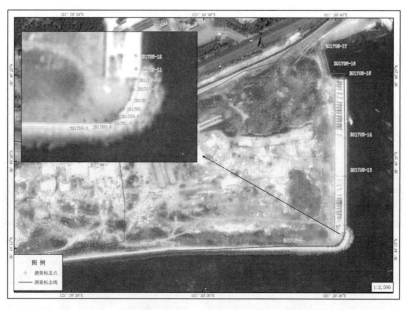

图 3-26 现场测量标志

表 3-6 现场测量标志点成果（CGCS2000 坐标系）

编号	x/米	y/米	纬度（N）	经度（E）	H/米
201705-1	4298622.336	486187.139	38°49′14.880″	121°20′27.410″	5.638
201705-2	4298631.229	486409.350	38°49′15.181″	121°20′36.621″	5.662
201705-3	4298631.221	486479.352	38°49′15.184″	121°20′39.523″	5.655
201705-4	4298631.227	486486.314	38°49′15.185″	121°20′39.811″	5.620
201705-5	4298631.847	486492.456	38°49′15.205″	121°20′40.066″	5.599
201705-6	4298634.296	486498.057	38°49′15.285″	121°20′40.298″	5.605
201705-7	4298638.420	486502.591	38°49′15.419″	121°20′40.485″	5.588
201705-8	4298643.511	486506.028	38°49′15.584″	121°20′40.627″	5.561
201705-9	4298649.178	486508.291	38°49′15.768″	121°20′40.721″	5.597
201705-10	4298655.222	486509.399	38°49′15.964″	121°20′40.766″	5.600
201705-11	4298661.219	486509.573	38°49′16.159″	121°20′40.773″	5.605
201705-12	4298668.731	486509.254	38°49′16.403″	121°20′40.759″	3.035
201705-13	4298755.921	486509.416	38°49′19.230″	121°20′40.760″	3.027
201705-14	4298824.100	486509.236	38°49′21.441″	121°20′40.748″	3.048
201705-15	4298938.659	486507.355	38°49′25.156″	121°20′40.662″	0.260
201705-16	4298938.216	486480.393	38°49′25.140″	121°20′39.544″	1.960
201705-17	4298978.550	486469.063	38°49′26.447″	121°20′39.071″	1.657

图 3-27　海洋行政主管部门派员见证情况

(四) 测量结果分析

1. 测量资料处理

1) 海籍调查规范中填海造地用海范围界定方法

根据《海籍调查规范》(HY/T 124—2009),填海造地用海范围界定方法为"岸边以填海造地前的海岸线为界,水中以围堰、堤坝基床或回填物倾埋水下的外缘线为界"。填海造地宗海界址界定实例见图 3-28。

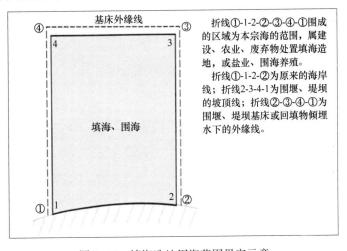

图 3-28　填海造地用海范围界定示意

2）本次竣工验收测量填海用海界址界定方法

本填海工程涉及断面部分为直立式结构，根据项目竣工平面图、断面图及现场实测，直立断面以现场所测点的垂直投影连线为界。

另外，由于该项目与周边相邻用海项目旅顺郭家沟村旅游作业区填海工程项目（二期）批复时存在重叠未进行处理，因此，两项目之间存在批复区域重叠。项目与旅顺龙王塘郭家沟旅游作业区配套设施填海续建工程留有缝隙。因此，在以上界址确定方法的基础上，还结合周边项目用海的用海界址加以确定，与周边项目重叠情况如图3-29。

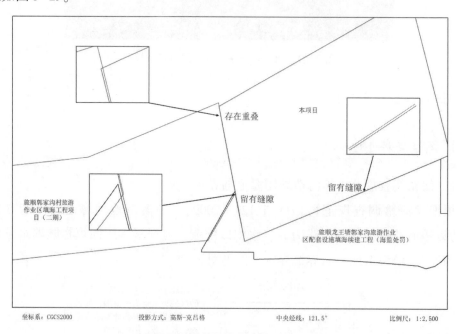

图3-29　与相接项目协调关系

项目与周边项目存在重叠和留有缝隙的原因主要在于：一是当时的海洋测绘技术及仪器设备相对比较落后，没有达到现在的水平；二是当时没有建立"国家海域动态监视监测管理系统"，没有实现海域统一配号，没有条件解决相接用海的重叠和缝隙问题。

3）坐标转换

因批复的宗海界址点采用的是大连城建坐标系，本报告在大连城建坐标系和CGCS2000坐标系之间的转换是采用七参数（3个平移参数、3个旋转参数和1个比例尺度参数）进行严密转换，精度符合规范要求。

在工程测量中，不同椭球之间坐标投影转换，从数学角度来说也是最严密的转换方法，是经典的布尔莎模型法；最多可求得 7 个转换参数，即 3 个平移参数（ΔX、ΔY、ΔZ）、3 个旋转参数（ω_X、ω_Y、ω_Z）和一个尺度缩放因子（m），因此，通常也被称为七参数法（图 3-30）。

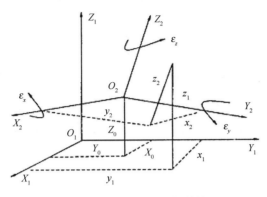

图 3-30　七参数法坐标转换

对两个不同坐标系经过平移以及 3 次旋转，尺度改换，可以得到如下的公式：

$$\begin{bmatrix} X_2 \\ Y_2 \\ Z_2 \end{bmatrix} = (1 + m) R_1(\omega_X) R_2(\omega_Y) R_3(\omega_Z) \begin{bmatrix} X_1 \\ Y_1 \\ Z_1 \end{bmatrix} + \begin{bmatrix} \Delta X \\ \Delta Y \\ \Delta Z \end{bmatrix} \qquad (3-1)$$

其中，

$$R_1(\omega_X) = \begin{bmatrix} 1 & 0 & 0 \\ 0 & \cos\omega_X & \sin\omega_X \\ 0 & -\sin\omega_X & \cos\omega_X \end{bmatrix} \qquad (3-2)$$

$$R_2(\omega_Y) = \begin{bmatrix} \cos\omega_Y & 0 & -\sin\omega_Y \\ 0 & 1 & 0 \\ \sin\omega_Y & 0 & \cos\omega_Y \end{bmatrix} \qquad (3-3)$$

$$R_3(\omega_Z) = \begin{bmatrix} \cos\omega_Z & \sin\omega_Z & 0 \\ -\sin\omega_Z & \cos\omega_Z & 0 \\ 0 & 0 & 1 \end{bmatrix} \qquad (3-4)$$

把式（3-2）、式（3-3）、式（3-4）代入式（3-1），由于一般情况下 ω_X，ω_Y，ω_Z 为微小转角，可以取：

$$\begin{cases} \cos\omega_Y = \cos\omega_Y = \cos\omega_Z = 1 \\ \cos\omega_X = \omega_X, \ \cos\omega_Y = \omega_Y, \ \cos\omega_Z = \omega_Z \\ \cos\omega_X\sin\omega_Y = \sin\omega_X\sin\omega_Z = \sin\omega_Y\sin\omega_Z = 0 \end{cases} \qquad (3-5)$$

因此，由上面的条件化简式（3-1），可以得到下面的公式：

$$\begin{bmatrix} X_2 \\ Y_2 \\ Z_2 \end{bmatrix} = (1+m)\begin{bmatrix} 1 & \omega_Z & -\omega_Y \\ -\omega_Z & 1 & \omega_X \\ \omega_Y & -\omega_X & 1 \end{bmatrix}\begin{bmatrix} X_1 \\ Y_1 \\ Z_1 \end{bmatrix} + \begin{bmatrix} \Delta X \\ \Delta Y \\ \Delta Z \end{bmatrix} \qquad (3-6)$$

式（3-6）为两修水同空间直角坐标系的转换模型，其中含有 7 个转换参数，即 3 个平移参数 ΔX、ΔY、ΔZ，3 个旋转参数 ω_X、ω_Y、ω_Z（也被称为 3 个欧勒角）和一个尺度参数 m。为了求得这 7 个转换参数，至少需要 3 个公共点，当多于 3 个公共点时，可按最小二乘法求得 7 个参数的最或然值。

令 $a_1 = m+1$，$a_2 = a_2\omega_X$，$a_3 = a_1\omega_Y$，$a_4 = a_1\omega_Z$，则可以将式（3-6）写为：

$$\begin{bmatrix} X_2 \\ Y_2 \\ Z_2 \end{bmatrix}_{\text{转换值}} = \begin{bmatrix} 1 & 0 & 0 & X_1 & 0 & -Z_1 & Y_1 \\ 0 & 1 & 0 & Y_1 & Z_1 & 0 & -X_1 \\ 0 & 0 & 1 & Z_1 & -Y_1 & X_1 & 0 \end{bmatrix}\begin{bmatrix} \Delta X \\ \Delta Y \\ \Delta Z \\ a_1 \\ a_2 \\ a_3 \\ a_4 \end{bmatrix} \qquad (3-7)$$

本次测量使用《测量计算工具包软件》V4.06 版，利用 9 个已知控制点进行七参数的求解，结算结果见图 3-31。

从解算的过程可以看出，最大 ΔX 残差为：-0.0038 米；最小 ΔX 残差为：0.0001 米；最大 ΔY 残差为：-0.0059 米，最小 ΔY 残差为：-0.0005 米；符合《全球定位系统实时动态测量（RTK）技术规范》（CH/T 2009—2010）中的平面控制点测量平面坐标转换残差不应大于 ±2 厘米的要求，解算出的七参数符合规范的要求，精度是可靠的，可以满足此次测量中大连城建坐标系与 CGCS2000 坐标系的转换。转换坐标见表 3-7。

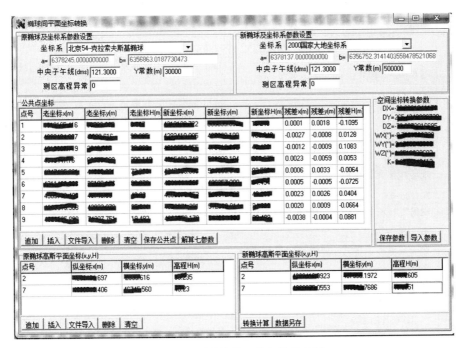

图 3-31　测量计算工具包软件截图

表 3-7　旅顺龙王塘郭家沟村旅游作业区配套设施填海工程批复宗海界址点（CGCS2000）

序号	纬度（N）	经度（E）
A1	38°49′27.65″	121°20′38.62″
A2	38°49′14.88″	121°20′27.41″
A3	38°49′19.45″	121°20′41.43″
A4	38°49′21.90″	121°20′25.63″

2. 实际填海界址点判定

2010 年下发的海域使用权证书中本项目共有 4 个界址点。目前，本项目填海造地工程以及周边相接项目已经竣工，依据原有批复的界址点已经无法确定本项目竣工验收后的界址范围，必须依据本项目的竣工平面布置图、断面图及周边用海界址范围来界定。结合本工程实际，确定了 16 个点作为旅顺龙王塘郭家沟村旅游作业区配套设施填海工程界址点（表 3-8 和图 3-32），能够反映该工程的实际界址和实际面积。需要说明的是，本项目北侧与辽宁省管理岸线（2008 年发布）存在交叉，为便于今后的海域管理，项目北侧以管理岸线为基准，对填海界址点进行了重新界定。

表 3-8 填海界址点界定一览

界址点号	确定方法	界定依据
1	与相接项目的交点	与相接项目——旅顺龙王塘郭家沟旅游作业区配套设施填海续建工程（正在申请）的交点
2	与相接项目的交点	与相接项目——旅顺龙王塘郭家沟旅游作业区配套设施填海续建工程（正在申请）的交点
3	现场直接测量得到，即现场测量标志点201705-14	直立断面转折处
4	现场直接测量得到，即现场测量标志点201705-15	直立断面转折处
5	现场直接测量得到，即现场测量标志点201705-16	直立断面转折处
6	现场直接测量得到，即现场测量标志点201705-17	直立断面转折处
7-15	辽宁省管理岸线节点	辽宁省管理岸线（2008年发布）
16	与相接项目的交点	与相接项目——旅顺龙王塘郭家沟旅游作业区配套设施填海续建工程（正在申请）的交点

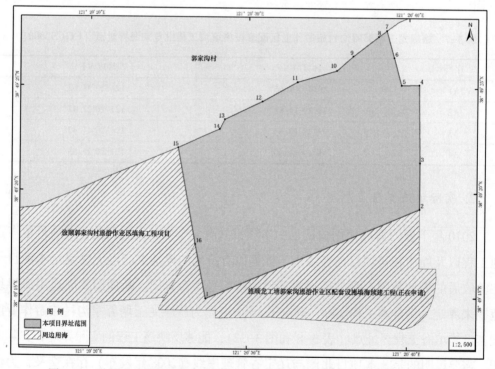

图 3-32 旅顺龙王塘郭家沟村旅游作业区配套设施填海工程填海造地界址界定

外业测量数据经数据处理后，根据《海籍调查规范》（HY/T 124—2009）的要求填写旅顺龙王塘郭家沟村旅游作业区配套设施填海工程界址点坐标记录表（表3-9），形成本次验收测量的建设填海造地部分界址点成果。

表3-9 旅顺龙王塘郭家沟村旅游作业区配套设施填海工程界址点坐标记录

项目名称		旅顺龙王塘郭家沟村旅游作业区配套设施填海工程		坐标系		CGCS2000	
投影方式		高斯-克吕格投影		中央经线		121.5°E	
界址点		大地坐标		平面坐标/米		获取方式（√）	
序号	编号	纬度（N）	经度（E）	X	Y	实测	推算
1	1	38°49′14.880″	121°20′27.410″	4 298 622.336	486 187.139		√
2	2	38°49′19.230″	121°20′40.760″	4 298 755.921	486 509.416		√
3	3	38°49′21.441″	121°20′40.748″	4 298 824.100	486 509.236	√	
4	4	38°49′25.156″	121°20′40.662″	4 298 938.659	486 507.355	√	
5	5	38°49′25.140″	121°20′39.544″	4 298 938.216	486 480.392	√	
6	6	38°49′26.447″	121°20′39.071″	4 298 978.550	486 469.063	√	
7	7	38°49′27.736″	121°20′38.588″	4 299 018.308	486 457.461		√
8	8	38°49′27.452″	121°20′38.083″	4 299 009.572	486 445.268		√
9	9	38°49′26.511″	121°20′36.514″	4 298 980.609	486 407.373		√
10	10	38°49′25.805″	121°20′35.494″	4 298 958.880	486 382.736		√
11	11	38°49′25.256″	121°20′33.062″	4 298 942.048	486 324.046		√
12	12	38°49′24.314″	121°20′30.866″	4 298 913.112	486 271.012		√
13	13	38°49′23.451″	121°20′28.513″	4 298 886.601	486 214.197		√
14	14	38°49′22.981″	121°20′28.199″	4 298 872.101	486 206.602		√
15	15	38°49′22.079″	121°20′25.585″	4 298 844.416	486 143.490		√
16	16	38°49′17.480″	121°20′26.730″	4 298 702.540	486 170.875		√

测绘人：　　　　审核人：　　　　测量日期：2017年5月

（五）实际填海界址与批准界址对比分析

由于旅顺龙王塘郭家沟村旅游作业区配套设施填海工程海域使用权证书批复的界址点仅 4 个，竣工验收测量确定界址点为 16 个，不能一一对应，因此本报告只对批复界址点作对比。项目填海用海批复界址点与实际用海界址对比见图 3-33 和表 3-10。

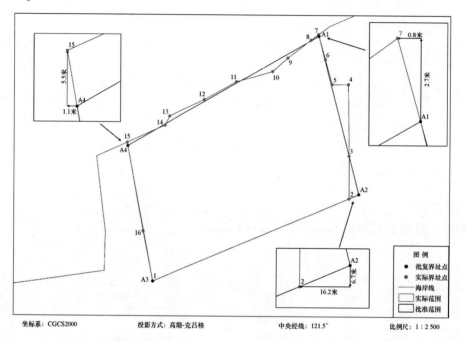

图 3-33　旅顺龙王塘郭家沟村旅游作业区配套设施填海工程实际与批复填海用海界址对比分析

表 3-10　项目实际与批复填海用海界址点对比

序号	批复界址点编号	是否发生改变	实际界址点编号	备注
1	A1	是	7	批复点实际向北偏移 2.7 米，向西偏移 0.8 米
2	A2	是	2	批复点实际向南偏移 6.7 米，向西偏移 16.2 米
3	A3	否	1	与实际填海位置一致
4	A4	是	15	批复点实际向北偏移 5.5 米，向西偏移 1.1 米

（六）用海面积对比分析

外业测量工作完成后，对旅顺龙王塘郭家沟村旅游作业区配套设施填海工程测量数据进行全面检查、审核，测量数据质量全部符合有关要求。根据检查后合格的宗海界址点坐标,采用 ArcGIS 软件成图,面积量算直接采用该软件面积量算功能,其算法与坐标解析法原理一致。即对于有 n 个界址点的宗海内部单元,根据界址点的平面直角坐标 x_i、y_i(i 为界址点序号),计算各宗海的面积 S(米^2)并转换为公顷,面积计算公式如下:

$$S = \frac{1}{2} \sum_{1}^{n} x_i (y_{i+1} - y_{i-1})$$

式中,S 为宗海面积(米^2);x_i,y_i 为第 i 个界址点坐标(米)。

经核算,旅顺龙王塘郭家沟村旅游作业区配套设施填海工程实际填海造地用海面积为 8.640 9 公顷。工程实际填海总面积较海域使用权证书批复的建设填海造地面积 8.525 1 公顷多 0.115 8 公顷,占批复填海面积的 1.4%。实际用海界址较批复用海界址有差异,工程少填部分分别位于东南角、东北角,分别少填面积为 0.055 2公顷和 0.072 5 公顷,界址点向西最大偏移 16.0 米;超填部分位于本项目的西侧、东侧及西北角,西侧超填面积为 0.020 3 公顷,东侧超填面积为 0.174 0 公顷,西北角超填面积为 0.049 2 公顷,界址点分别向西最大偏移 1.0 米,向东最大偏移28.5 米,向北最大偏移 12.5 米。具体情况见图 3-34。

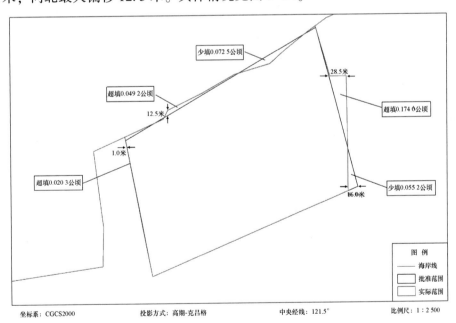

图 3-34 填海造地实际用海界址与批复用海界址与面积对比分析

工程超填和少填的原因是设计方案发生变更,建设单位从行业发展及作业安全、便利角度出发，考虑安全、技术和经济等多方因素对方案进行了合理调整。

按照《宗海图编绘技术规范（试行）》（国海规范〔2016〕2 号）中关于宗海界址图、宗海位置图要求，绘制本次竣工验收测量成果图件。

本次竣工验收测量的宗海界址点成果和宗海面积成果经检核无误后，采用 ArcGIS 软件绘制郭家沟村旅游作业区宗海位置图（图 3-35）、宗海界址图（图 3-36）。

图 3-35　旅顺龙王塘郭家沟村旅游作业区配套设施填海工程宗海位置（竣工验收后）

（七）测量成果质量控制

利用 LNCORS 信号，采用网络 RTK 测量方式对该项目填海界址点进行了现场测量，根据 LNCORS 提供定位服务精度及与已知控制点的比对校核分析，该测量方法定位精度为厘米级，符合《海籍调查规范》（HY/T 124—2009）中对界址点测量精度要求。通过外业的实际测量、内业数据处理及成图，最终获取实际填海区 16 个界址点坐标，并形成项目实际填海区与批准用海区叠加分析图以及项目实际填海宗海界址图。

本项目外业测量所使用测量仪器、方案设计以及定位精度符合《海籍调查规

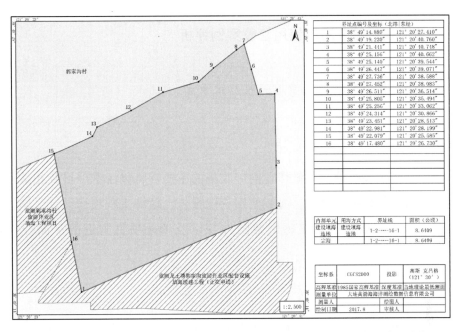

界址点编号及坐标（北纬|东经）		
1	38°49′14.880″	121°20′27.410″
2	38°49′19.230″	121°20′40.760″
3	38°49′21.411″	121°20′10.718″
4	38°49′25.156″	121°20′40.662″
5	38°49′25.140″	121°20′39.544″
6	38°49′26.447″	121°20′39.071″
7	38°49′27.736″	121°20′38.588″
8	38°49′27.452″	121°20′38.083″
9	38°49′26.511″	121°20′36.514″
10	38°49′25.805″	121°20′35.494″
11	38°49′25.256″	121°20′33.062″
12	38°49′24.314″	121°20′30.866″
13	38°49′23.451″	121°20′28.513″
14	38°49′22.981″	121°20′28.199″
15	38°49′22.079″	121°20′25.585″
16	38°49′17.480″	121°20′26.730″

内部单元	用海方式	界址线	面积（公顷）
建设填海造地	建设填海造地	1-2……16-1	8.6409
宗海		1-2……16-1	8.6409

坐标系	CGCS2000	投影	高斯 克吕格 (121°30′)
高程基准	1985国家高程基准	深度基准	与地理论最低潮面
测量单位	大连黄渤海海洋测绘数据信息有限公司		
测量人		绘图人	
绘制日期	2017.8	审核人	

1:2 500

图3-36　旅顺龙王塘郭家沟村旅游作业区配套设施填海工程宗海界址（竣工验收后）

范》（HY/T 124—2009）和《填海项目竣工海域使用验收测量技术要求》的要求。

（八）结论

旅顺龙王塘郭家沟村旅游作业区配套设施填海工程实际填海造地用海面积为8.640 9公顷。工程实际填海总面积较海域使用权证书批复的建设填海造地面积8.525 1公顷多0.115 8公顷，占批复填海面积的1.4%。实际用海界址较批复用海界址有差异，工程少填部分分别位于东南角、东北角，分别少填面积为0.055 2公顷和0.072 5公顷，界址点向西最大偏移16.0米；超填部分位于本项目的西侧、东侧及西北角，西侧超填面积为0.020 3公顷，东侧超填面积为0.174 0公顷，西北角超填面积为0.049 2公顷，界址点分别向西最大偏移1.0米，向东最大偏移28.5米，向北最大偏移12.5米。填海界址发生变化的主要原因是项目用海方案在施工过程中进行了变更，符合《填海项目竣工海域使用验收管理办法》中竣工验收合格的要求。

三、填海项目竣工海域使用验收案例评析

（一）填海项目竣工海域使用验收技术重点

1. 资料收集

填海项目竣工验收外业测量作业前应收集的主要资料包括本项目及相接项目用海批复或海域使用权出让合同，海域使用论证报告，填海工程项目设计、施工、监理报告，填海工程竣工图、遥感影像图件等以及填海项目附近的平面控制点等资料。

2. 项目用海基本情况

根据已收集资料，掌握项目用海所在的地理位置、用海批准情况和周边其他用海情况，查明项目竣工后填海工程的平面布置、主要工程结构及成陆高程等情况，对宗海图采用的坐标系、投影参数等内容进行分析。

3. 测量实施

测量采用的坐标系采用 2000 国家大地坐标系（CGCS2000），采用高斯-克吕格投影。填海项目实际用海范围中填海与陆地相接一侧以批准界址线为界，相接填海项目已经通过竣工验收的，应以通过竣工验收的界址线为界，水中以填海工程围堰、堤坝基床或回填物倾埋水下的外缘线为界。

位于人工海岸、构筑物及其他固定标志物上的界址点和低潮时露出水面的界址点，应采用 RTK 等可满足测量精度的仪器直接测量；无法采用 RTK 等可满足测量精度的仪器直接测量的界址点，可以通过选择合理标志点，结合工程结构断面图等资料推算确定填海界址点。

4. 测量结果分析

1）判定实际填海界址点判定

结合测量与界址点推算等数据处理结果和收集的资料，根据填海范围界定原则，判定实际填海界址点。

2）实际填海界址与批准界址对比分析

对经实测或由实测资料推算的界址点、界址线与批准界址点、界址线在同一参数环境下进行对比分析，绘制对比分析图。测量数据和原宗海图界址点应在同一参数环境下分析，涉及坐标系转换的应说明转换过程。对比分析图上应标示说明实际填海界址与批准界址之间的偏差情况。

3）用海面积对比分析

绘制实际填海面积与批准填海面积对比分析图，标示并计算超出批准范围的填海面积、批准范围内未填面积。因实际填海范围改变导致本项目其他用海单元发生变化的，应给出变化后其他用海单元的界址、面积。

4）主要成果

竣工验收后的宗海位置图、填海部分的宗海界址图、变化后其他用海单元的宗海界址图是竣工验收的主要成果。

竣工验收测量报告需要对项目实际填海面积及与批准填海面积的差值、界址点偏移等情况进行说明和分析。

（二）填海项目竣工海域使用验收典型案例评析

1. 项目用海基本情况评析

（1）案例明确了项目用海所在位置，掌握了周边其他用海项目的基本情况：旅顺龙王塘郭家沟村旅游作业区配套设施填海工程位于大连市旅顺口区龙王塘街道郭家沟附近海域，该项目周边相邻用海包括已确权的旅顺郭家沟村旅游作业区填海工程项目和正在申请的旅顺龙王塘郭家沟旅游作业区配套设施填海续建工程。

（2）案例掌握了项目用海批准情况：包括批准时间、用海面积、用海性质以及海域使用权证书相关信息。

（3）案例查明项目竣工情况：包括工程的施工时间、填海工程的总平面布置、主要工程结构、通过遥感影像和工程现状勘察对实际填海范围与海域使用论证申请界址范围进行确认。

2. 测量实施评析

（1）案例介绍了测量单位的基本情况：包括单位的资质与仪器设备、基准站服务系统和测量基准。

（2）案例控制测量：采用大连市测绘地理信息局提供的两个控制点进行现场核测，测量结果的点位精度完全符合《海籍调查规范》《海域使用面积测量规范》《全球定位系统（GPS）测量规范》等相关规范的要求，验证了 CORS 提供数据的可靠性。

（3）案例界址测量：通过选择合理标志点，对于有明显标志、转折或弧度变化的点，结合工程结构断面图等资料推算确定填海界址点，共采集了 17 组现场测量数据。

3. 测量结果分析评析

（1）案例根据《海籍调查规范》中填海造地用海范围界定方法对测量资料处理，对本次竣工验收测量填海用海界址进行界定。

（2）案例因批复的宗海界址点采用的是大连城建坐标系，需对坐标进行转换，以满足此次测量中大连城建坐标系与 CGCS2000 坐标系的转换。

（3）案例由于之前下发的海域使用权证书中的界址点为 4 个，对实际填海界址点进行判定，形成本次验收测量的建设填海造地部分界址点成果，以便反映竣工工程的实际界址和实际面积。

4. 实际填海界址与批准界址对比分析评析

（1）案例依据原有批复的界址点已经无法确定本项目竣工验收后的界址范围，必须依据竣工平面布置图、断面图及周边用海界址范围来界定。结合本工程实际，确定了 16 个点作为填海工程界址点，项目北侧以管理岸线为基准对填海界址点进行重新界定，反映了该工程的实际界址和实际面积。

（2）案例对经实测或由实测资料推算的界址点、界址线与批准界址点、界址线在同一参数环境下进行对比分析，绘制出实际与批复填海用海界址对比分析图和工程与相接项目关系情况。

（3）案例由于海域使用权证书批复的界址点与竣工验收测量确定的界址点不同，故只对批复界址点做对比，对比分析界址点偏移量。

5. 用海面积对比分析

（1）案例绘制出填海项目实际用海界址与批复用海界址面积对比分析图，并对超出批准范围的填海面积、批准范围内未填面积进行计算并在对比分析图上标识。

（2）案例说明实际填海范围改变的原因是设计方案发生了变更。

（3）案例按照《宗海图编绘技术规范（试行）》（国海规范〔2016〕2号）中关于宗海界址图、宗海位置图要求，绘制出竣工验收测量成果图件。

6. 测量成果质量控制评析

（1）案例通过现场测量与已知控制点的比对校核分析，项目外业测量所使用测量仪器、方案设计以及定位精度符合《海籍调查规范》（HY/T 124—2009）和《填海项目竣工海域使用验收测量技术要求》的要求。

（2）案例通过外业的实际测量、内业数据处理及成图，最终获取实际填海区的界址点坐标，并形成项目实际填海区与批准用海区叠加分析图以及项目实际填海宗海界址图。

第三节　重点区域海域使用权属核查案例与评析

一、重点区域海域使用权属核查典型案例选取

为准确掌握区域内海域使用权属数据和海域使用现状，依法科学配置海域资源，提高海域使用审批效率，落实不动产登记要求以及继续深化全国海域现状调查，积累海域权属核查经验，根据国家海洋局《关于开展2016年重点区域海域使用权属核查工作的通知》（海办管〔2016〕500号）、《国家海洋局东海分局关于开展2016年东海区重点区域海域使用权属核查工作的通知》（海东管〔2016〕312）号等文件要求，由温州海洋环境监测中心站承担东海区重点区域（浙江省温州市龙湾区）海域使用权属核查工作。

本节选取2016年东海区重点区域海域使用权属核查工作进行分析，选取理由如下：龙湾区是温州四大主城区之一，是温州沿海海洋开发活动最剧烈的区域，辖区内有瓯飞、海滨、龙湾二期等规划用海及浅滩一期、二期围填海等重大用海项目；温州市已向国家海洋局上报了海域综合管理创新试点实施方案，龙湾区是温州市海域资源价值最高的区域，具有实践海域资源资产化管理的内在需求；龙湾区确

权用海数量多，用海类型及用海方式丰富，用海类型涵盖港口用海、农业填海造地用海、其他工业用海、科研教学用海、特殊用海等多种类型，用海方式有填海造地、构筑物、围海、开放式、其他方式等多种方式；由于原属龙湾区的灵昆街道划归洞头区管理，基层海洋综合管理权限尚未完全理顺，本次仍以龙湾区原管辖海域范围作为独立核查单元进行核查；存在已使用未确权、权属边界重叠、用海范围改变、用海方式改变、坐标系不统一等典型问题。因此，本节选用东海区重点区域（浙江省温州市龙湾区）海域使用权属核查工作作为典型案例，从权属核查组织实施、核查成果与问题等方面进行分析，以期为后期海域使用权属核查工作起到借鉴作用。

二、重点区域海域使用权属核查典型案例

（一）核查区域概况

龙湾区，浙江省温州市辖区，是温州市四大主城区之一，位于瓯江口南岸，东临温州湾与洞头区海域相连，南临瑞安市，西邻鹿城区与瓯海区，北与永嘉县、乐清市隔海相望。地理坐标为 27°45′20″—28°09′32″N、120°19′39″—120°59′38″E。

2015 年国务院批准洞头县撤县设区，同时原归龙湾区管辖的灵昆街道划入洞头区行政范围，此次龙湾区海域使用权属核查范围仍包括灵昆街道范围内用海项目。本次核查西北起浙江省海洋功能区划瓯江口边界，南至龙湾区与瑞安市海域分界线，东至原龙湾区与洞头县海域分界线（图 3-37 和图 3-38）。

图 3-37　龙湾区地理位置

图 3-38　龙湾区海域范围

（二）用海分布情况

根据国家海域使用动态监管系统查询结果和各级行政管理部门掌握的资料，龙湾区有登记记录的用海项目 115 个（用海 130 宗），总用海面积约 6 160 公顷，项目用海主要分布在瓯江南口沿岸、东侧滩涂及灵昆街道 3 个区域。瓯江南口沿岸以码头、桥梁等构筑物用海为主，东侧滩涂以填海造地用海为主，灵昆岛以构筑物和填海造地用海为主（图 3-39）。

（三）权属核查组织实施

依据《重点区域海域使用权属核查技术规程》《东海区重点区域海域使用权属核查实施方案》和《重点区域海域使用权属核查验收办法》等要求，工作流程包括实施方案编制、内业核查、外业核查、成果制作和验收归档 5 个步骤，具体内容见图 3-40。

（1）实施方案编制。制定核查方法与技术路线，组建核查队伍，明确分工，按

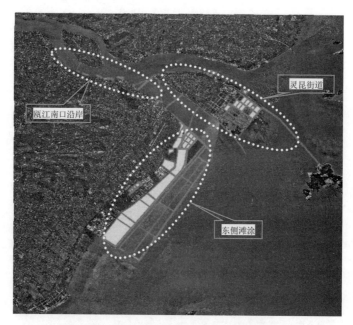

图 3-39   龙湾区项目用海分布示意

照大纲编制实施方案。

（2）内业核查。对龙湾区内所有核查对象，通过资料收集、坐标与投影转换、资料数据对比分析，筛查出疑问数据，报送相关海洋管理部门。

（3）外业核查。对需进行外业核查的用海，以宗海为单元，进行现场权属核查和现场测量，填写权属核查现场调查表。

（4）成果制作。对核查结果进行数据汇总和统计，绘制成果图件，编制成果报告，制作成果数据集。

（5）验收归档。对核查成果进行检查，由国家海洋局温州海洋环境监测中心站和浙江省第十一地质大队质检部门对资料完备性、成果符合性进行检查，形成测绘产品检查报告，并根据自查意见进行修改完善，修改完善后由国家海洋局东海分局进行自验收，验收通过后提交国家海洋局申请验收。

（四）内业核查

1. 资料收集

内业核查收集以下资料：

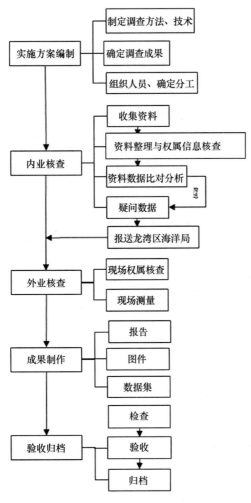

图 3-40　核查工作流程

（1）海域使用动态监视监测系统中提取的龙湾区所有确权用海数据；

（2）海洋管理部门掌握（有登记、有记载或有批复）的实际发生，但未录入海域使用动态监视监测系统的用海资料；

（3）海域动态监视监测系统中的最新遥感影像，以及补充收集的遥感影像数据；

（4）测量控制点数据；

（5）基础地理信息数据；

（6）其他相关资料。

2. 资料整理与权属信息核查

1）资料整理

对收集到的资料进行分类整理，初步填写龙湾区海域使用权属原始信息汇总表，共计115个用海项目，130宗用海，对应130本海域使用权证书，内容包括用海项目的状态（确权/未确权）、位置、海域使用权证书编号、界址、海域使用权人、面积、用海类型、用途、用海方式、用海期限和海域使用金征收标准等信息。

2）坐标与投影转换

以往确权是北京54坐标系、西安80坐标系、WGS-84坐标系、相对独立的平面坐标系的界址点，坐标要统一转换为2000国家大地坐标系（CGCS2000）。坐标转换参照《大地测量控制点坐标转换技术规程》执行。

根据核查技术规程，对内业核查发现投影未采用区域中心相近的0.5°整数倍经线为中央经线的宗海，根据坐标转换和投影转换结果重新绘制宗海图。

3）权属信息核查

对龙湾区海域使用权属原始信息汇总表中的各用海项目，结合收集到的相关资料，逐一进行内业权属信息核对，核实海域使用权人、用海类型、用途、用海方式、用海期限等有无变化，坐标系是否明确、是否准确、是否采用WGS-84坐标系，用海是否过期但未注销。对于填海项目，核查其是否开展竣工验收、是否已换发土地。

3. 资料数据比对分析

1）遥感影像校正分析

对收集到的海域使用动态监视监测系统中最新遥感影像以及补充收集的遥感影像，进行几何纠正和精度分析，确保纠正精度达到1个像元以内。

2）用海图斑识别

利用收集到的遥感影像，初步识别可能用于核查的用海图斑，重点判断涉及构筑物用海和填海的图斑。

3）收集资料的矢量化

将收集到的海洋管理部门掌握（有登记、有记载或有批复等）的实际发生、但未录入系统的用海资料进行矢量化，与从系统中提取的确权用海数据合并，形成一个矢量文件。

4）空间叠置分析

利用遥感影像识别出的用海图斑，与形成的矢量文件进行叠加、比对，核查用海项目界址、范围、用海方式等有无变化，筛查疑问数据。

4. 内业整理成果

经过资料收集，由国家海域使用动态监管系统导出115个用海项目（130宗用海）。

通过对权属信息、坐标信息等进行核对，并综合温州市海域使用动管中心掌握的其他资料。已经确权登记过的130宗用海中，35宗填海造地用海项目已进行填海竣工验收。

将海域使用动态监视监测管理系统中有确权信息但未录入坐标的项目，并将未采用WGS-84坐标系的宗海项目坐标转换后矢量化，与系统导出确权数据合并，形成完整的130宗用海项目shp数据文件，利用GIS软件拓扑分析功能，筛查项目宗海范围位置关系。

收集了龙湾区核查用海区域的遥感影像，时间为2015年12月，遥感影像空间分辨率1米，之后对遥感影像进行几何纠正。利用纠正后遥感影像，沿海岸线筛查用海图斑，勾绘出疑似用海区域，叠加确权项目面数据，筛查出26宗已使用未确权用海项目，12宗疑似位置不准用海，5宗疑似改变用海方式的用海。

收集了龙湾区核查区域不同坐标系下的控制点转换资料。

5. 疑问数据筛查

根据内业整理成果，按照权属核查技术规程要求筛选出5类疑问数据汇总表，共筛查出48宗疑问数据，并绘制了疑问数据统计图，详细见表3-11~表3-15，图3-41~图3-47。

（1）已使用未确权用海26宗（表3-11）。

（2）位置不准用海12宗，包括相邻用海重叠、用海位置偏移、用海范围变化的用海（表3-12）。

（3）未采用WGS-84坐标系3宗（表3-13）。

（4）用海方式、用途改变用海5宗（表3-14）。

（5）过期但未注销用海 2 宗（表 3-15）。

（五）现场权属核查

1. 核查对象

根据权属核查技术规程，现场权属核查内容主要是核实用海项目名称、海域使用权人、用海类型、用海方式和用海范围等信息。现场权属核查对象包括存在疑问的项目用海、所有的构筑物用海（填海竣工验收已经测量过的构筑物除外）和填海用海（已经开展或申请竣工验收和尚未完成填海的除外）。本次共核查用海 156 宗，其中，已确权 130 宗用海（完成填海竣工海域使用验收项目 35 宗）；未确权 26 宗项目用海。

2. 核查流程

1）预约时间

对确定需进行现场权属核查的用海，由龙湾区海洋局与渔业局向海域使用权人发送"协助核查通知书"，并通知海域使用权人携带核查需要的相关资料，与海域使用权人预约现场核查时间，在约定时间，现场核查人员进行现场核查。

2）身份验证

海域使用权人或代理人应携带身份证明、现场调查表等材料到现场，核查人员进行身份验证。

（1）海域使用权人是单位的：法定代表人出席现场的，应出具法定代表人身份证明和本人身份证明；代理人出席现场的，应出具授权委托书和代理人身份证明。

（2）海域使用权人是个人的：本人出席现场的，应出具本人身份证明；代理人出席现场的，应出具授权委托书和代理人身份证明。

3）资料核查

现场核查人员对项目资料进行检查，并填写权属核查现场调查表，核查要点包括：

（1）现场核查人员对海域使用权人携带的核查相关材料的完整性进行核对。核对正确提供的材料，在档案袋封面相应项目打钩；未提供或者未正确提供的材料项后做标注，并一次性告知海域使用权人需要补齐的材料和补齐方式。

表 3-11 已使用未确权用海项目清单

项目序号	项目名称	状态	海域使用权人	审核机关	证书编号	用海类型	起始时间	终止时间	用海方式	用海方式面积/公顷	疑问数据类型	备注
115	温州大桥（状元至七都段）	未确权	温州大桥管理处	—	—	路桥用海	—	—	跨海桥梁、海底隧道等	4.175 5	已使用未确权用海	
116	状元渡口码头	未确权	天运服务部	—	—	港口用海	—	—	非透水构筑物	0.012 6	已使用未确权用海	
117	金泰沙石 500 吨级码头	未确权	温州市龙湾金泰沙石有限公司	—	—	港口用海	—	—	非透水构筑物	0.161 4	已使用未确权用海	
118	温州港龙湾港区二期工程	未确权	温州港龙湾港务有限公司	—	—	港口用海	—	—	港池、蓄水区等	9.540 4	已使用未确权用海	
119	鑫达货物中转有限公司码头	未确权	鑫达货物中转有限公司	—	—	港口用海	—	—	非透水构筑物	0.189 5	已使用未确权用海	
120	灵昆潜堤	未确权	瑶溪街道	—	—	其他用海	—	—	透水构筑物	7.065 2	已使用未确权用海	
121	灵昆大桥	未确权	灵昆大桥管理处	—	—	路桥用海	—	—	跨海桥梁、海底隧道等	5.903 4	已使用未确权用海	
122	温州市龙湾强顺沙场	未确权	孙克聪	—	—	港口用海	—	—	非透水构筑物	1.055 4	已使用未确权用海	
123	瓯江路东延伸道路项目	未确权	空港新区管委会	—	—	路桥用海	—	—	透水构筑物	0.287 2	已使用未确权用海	
124	龙湾分输清管站待建加气用站项目	未确权	浙江省天然气开发有限公司	—	—	其他工业用海	—	—	建设填海造地	0.554 4	已使用未确权用海	

续表

项目序号	项目名称	状态	海域使用权人	审核机关	证书编号	用海类型	起始时间	终止时间	用海方式	用海方式面积/公顷	疑同数据类型	备注
125	进岳砺壳码头	未确权	张成进	—	—	港口用海	—	—	非透水构筑物	0.426 2	已使用未确权用海	
126	延斌装卸码头#1	未确权	张延斌	—	—	港口用海	—	—	非透水构筑物	0.303 9	已使用未确权用海	
127	胜利码头	未确权	张洪金	—	—	港口用海	—	—	非透水构筑物	0.174 7	已使用未确权用海	
128	张启标砂场码头	未确权	张启标	—	—	港口用海	—	—	非透水构筑物	0.145 6	已使用未确权用海	
129	蓝田海滨码头	未确权	张延岳	—	—	港口用海	—	—	非透水构筑物	0.753 3	已使用未确权用海	
130	延斌装卸码头#2	未确权	张延斌	—	—	港口用海	—	—	非透水构筑物	0.551 5	已使用未确权用海	
131	蓝田水泥码头	未确权	蓝田街道	—	—	港口用海	—	—	非透水构筑物	0.342 1	已使用未确权用海	
132	渔业大队基建项目	未确权	渔业大队	—	—	城镇建设填海造地用海	—	—	建设填海造地	24.698 8	已使用未确权用海	
133	灵昆潮位站	未确权	温州市水文站	—	—	其他用海	—	—	透水构筑物	0.028 6	已使用未确权用海	

续表

项目序号	项目名称	状态	海域使用权人	审核机关	证书编号	用海类型	起始时间	终止时间	用海方式	用海方式面积/公顷	疑问数据类型	备注
134	灵昆万峰码头	未确权	温州万峰建材有限公司	—	—	港口用海	—	—	透水构筑物	0.061 9	已使用未确权用海	
135	灵昆宏丰码头	未确权	温州市宏丰货运装卸有限公司	—	—	港口用海	—	—	透水构筑物	0.573 4	已使用未确权用海	
136	灵昆天祥500吨级码头	未确权	温州市天祥物资装卸有限公司	—	—	港口用海	—	—	透水构筑物	0.472 3	已使用未确权用海	
137	灵昆周宅石子沙场	未确权	周先生	—	—	港口用海	—	—	非透水构筑物	0.520 2	已使用未确权用海	
138	灵昆北渡码头	未确权	陈孝云	—	—	港口用海	—	—	透水构筑物	0.060 3	已使用未确权用海	
139	灵昆航标站码头	未确权	温州海事局灵昆航标站	—	—	其他用海	—	—	透水构筑物	0.205 7	已使用未确权用海	
140	灵昆灰库码头	未确权	灰库装卸码头	—	—	港口用海	—	—	透水构筑物	0.430 6	已使用未确权用海	

表 3-12 位置不准用海项目统计表

项目序号	项目名称	状态	海域使用权人	审核机关	证书编号	用海类型	起始时间	终止时间	用海方式	用海方式面积/公顷	疑问数据类型	备注
2	金泰装卸码石泥砂码头300T	确权	温州市龙湾金泰装卸石泥砂码头有限公司	龙湾区海洋与渔业局	053300400	港口用海	2005/11/15	2011/12/31	透水构筑物	0.875 2	位置不准用海	
3	温州状元渔业大队杂货码头工程	确权	温州市状元海洋捕捞大队	龙湾区海洋与渔业局	053300370	港口用海	2005/4/1	2015/3/30	非透水构筑物	1.438 9	位置不准用海	北京54坐标
5	温州石油分公司状元油库码头	确权	中国石油化工股份有限公司浙江温州石油分公司	龙湾区海洋与渔业局	053300393	港口用海	2005/9/8	2011/12/31	透水构筑物	4.576 2	位置不准用海	过期但未注销用海
19	温州扶贫经济开发区石泥沙经销公司500吨级码头	确权	温州市兴汇石泥沙经销公司	龙湾区海洋与渔业局	2013D33030302772	港口用海	2013/8/8	2016/12/31	港池、蓄水等	1.513 7	位置不准用海	
20	温州市龙湾扶贫源沙场500吨级码头	确权	温州市龙湾丰源沙场	龙湾区海洋与渔业局	2015D3303030 0759	港口用海	2015/2/9	2016/12/31	非透水构筑物	0.065 8	位置不准用海	
22	龙湾分输清管站工程	确权	浙江省天然气开发有限公司	龙湾区海洋与渔业局	2016B33030 301578	其他工业用海	2016/7/5	2046/7/4	建设填海造地	0.926 0	位置不准用海	
23	蓝田高仁石头码头建设工程	确权	温州高仁石子砂有限公司	浙江省海洋与渔业局	093300269	港口用海	2009/9/9	2019/9/8	建设填海造地	0.688 5	位置不准用海	

续表

项目序号	项目名称	状态	海域使用权人	审核机关	证书编号	用海类型	起始时间	终止时间	用海方式	用海方式面积/公顷	疑问数据类型	备注
24	温州市蓝田水产码头	确权	温州市龙湾海滨斌装卸场	龙湾区海洋与渔业局	073300157	港口用海	2007/4/30	2017/4/29	港池、蓄水等	0.922 8	位置不准用海	北京54坐标
25	龙湾区海滨东源码头	确权	温州市龙湾海滨东源码头装卸有限公司	龙湾区海洋与渔业局	2013D33030302680	港口用海	2013/8/6	2016/12/31	港池、蓄水等	0.589 7	位置不准用海	
26	300吨级码头过扩建工程	确权	温州市龙湾永兴能源有限公司	浙江省海洋与渔业局	093300077	港口用海	2009/4/23	2059/4/22	建设填海造地	0.555 0	位置不准用海	
84	龙湾区渔政海监码头	确权	温州市龙湾区海洋与渔业局	龙湾区海洋与渔业局	103300189	港口用海	2009/12/31	2049/12/30	港池、蓄水等	1.032 9	位置不准用海	
115	温州浅滩一期蓄淡养殖区围堤工程	确权	温州半岛工程建设总指挥部	浙江省海洋与渔业局	053300202	特殊用海	2005/1/26	2055/1/26	非透水构筑物	122.740 0	位置不准用海	

表 3-13 未采用 WGS-84 坐标系用海项目统计

项目序号	证书序号	项目名称	状态	海域使用权人	审核机关	证书编号	用海类型	起始时间	终止时间	用海方式	用海方式面积/公顷	疑问数据类型	备注
18	18	温州市龙东货物码头	确权	温州市龙湾区瑶溪镇龙东村经济合作社	龙湾区海洋与渔业局	093300080	港口用海	2009/4/24	2059/4/14	非透水构筑物	0.244 9	未采用 WGS-84 坐标系、坐标注未标注或不准确用海	
49	53	温州远达海洋休闲渔业公司龙湾金海岸休闲渔业中心	确权	温州远达海洋休闲有限公司	龙湾区海洋与渔业局	053300399	开放式养殖用海	2005/9/30	2020/9/29	开放式养殖	144.000 0	未采用 WGS-84 坐标系、坐标注未标注或不准确用海	
87	100	温州港集团有限公司灵昆作业区多用途码头工程	确权	温州港集团有限公司	龙湾区海洋与渔业局	083300309	港口用海	2008/10/21	2058/10/20	港池、蓄水等	4.290 0	未采用 WGS-84 坐标系	
										透水构筑物	8.093 8		

表3-14　用海方式、用途改变用海项目统计

项目序号	证书序号	项目名称	状态	海域使用权人	审核机关	证书编号	用海类型	起始时间	终止时间	用海方式	用海方式面积/公顷	疑同数据类型	备注
6	6	温州市燃料有限公司码头	确权	温州市土地储备中心	龙湾区海洋与渔业局	053300395	港口用海	2005/9/8	2011/12/31	透水构筑物	4.181 6	用海方式改变用海	
14	14	温州龙湾调峰电厂燃油码头工程（二号码头）	确权	温州燃机发电有限公司	龙湾区海洋与渔业局	2012D33030302892	港口用海	2012/12/21	2016/12/31	港池、蓄水等	2.759 5	用海方式改变用海	
										透水构筑物	0.208 7		
15	15	港口石化仓储有限公司龙湾东港区石化码头及库区工程	确权	温州市港口石化仓储有限公司	龙湾区海洋与渔业局	2013D33030302216	港口用海	2013/7/3	2016/12/31	港池、蓄水等	3.279 8	用海方式改变用海	
										透水构筑物	0.260 3		
16	16	温州中油石油销售有限公司龙湾油库四号专用码头	确权	温州中油石油销售有限公司	龙湾区海洋与渔业局	2012D33030302927	港口用海	2012/12/18	2016/12/31	港池、蓄水等	4.034 9	用海方式改变用海	
										透水构筑物	0.317 7		
85	99	中国渔政浙南基地项目	确权	温州市海洋与渔业局	龙湾区海洋与渔业局	2013D33030300518	港口用海	2013/2/21	2050/10/21	港池、蓄水等	1.504 0	用海方式改变用海	
										透水构筑物	0.671 6		

表 3-15　过期但未注销用海项目统计

项目序号	证书序号	项目名称	状态	海域使用权人	审核机关	证书编号	用海类型	起始时间	终止时间	用海方式	用海方式面积/公顷	疑问数据类型	备注
1	1	浙江省海运公司温州海运有限公司船厂码头	确权	浙江省海运集团有限公司	龙湾区海洋与渔业局	053300394	港口用海	2002/1/1	2011/12/31	透水构筑物	1.774 0	过期但未注销用海	
17	17	温州市太平洋石化有限公司码头	确权	温州市太平洋石油化工有限公司	龙湾区海洋与渔业局	113300361	港口用海	113300361	2011/12/31	非透水构筑物	3.730 7	过期但未注销用海	

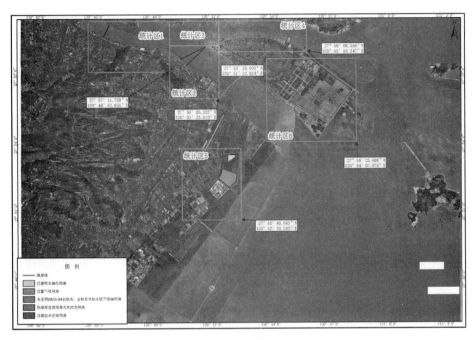

图 3-41 疑问数据统计

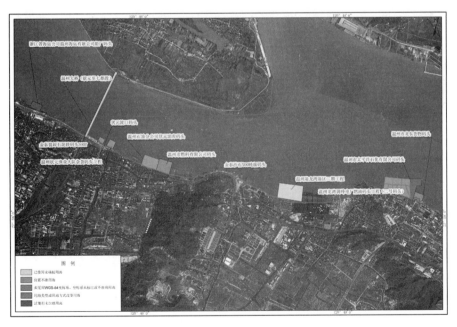

图 3-42 疑问数据统计图——状元瑶溪片

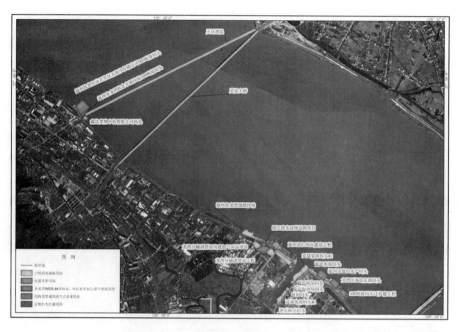

图 3-43　疑问数据统计图——瓯江南口片

图 3-44　疑问数据统计图——瓯江南口片

图 3-45 疑问数据统计图——灵昆岛北侧片

图 3-46 疑问数据统计图——天成北片

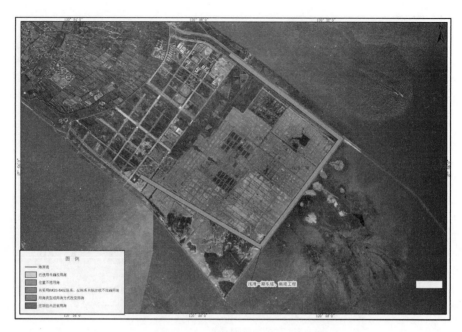

图 3-47 疑问数据统计图——灵昆岛东片

（2）仔细核查海域使用权登记信息，逐项核对"龙湾区海域使用权属核查现场调查表"的海域使用权人是否变更、变更后实际用海人、填海是否已竣工验收、填海是否已换发土地证、原海域证情况、用海方式是否发生变化、变化的具体内容和其他情况等信息。

①海域使用权人发生变更的在"海域使用权人是否变更"项后填写"是"，并填写变更后实际用海人，未变更的填"否"；

②填海已竣工验收的，在"填海是否已竣工验收"填"是"，并检查海域使用权人是否提供竣工验收材料，未提供的要求其补齐。

③填海已换发土地证的在"填海是否已换发土地证"填"是"，核实原海域证是否已收回，并检查海域使用权人是否提供土地证复印件，未提供的要求其补齐。

④用海范围发生变化的在"用海范围是否发生变化"填"是"，并对变化的具体内容进行描述。

⑤海域使用权人或代理人应在"龙湾区海域使用权属核查现场调查表"相应位置签字。

3. 核查结果

现场核查与测量时间从 10 月 9 日到 11 月 17 日，共 38 天。实地测量 66 宗用海，完成现场调查表 94 份，并收集 130 宗用海项目的权属资料，包括企业营业执照、海域使用权转让协议、法人身份证明、海域使用权复印件等文件，后期整理中将收集文件扫描电子化。

（六）现场测量

1. 测量对象

根据技术规程，现场测量包括所有已确权的构筑物用海（填海竣工验收已经测量过的构筑物除外）和《填海项目竣工海域使用验收管理办法》颁布前批复已完工但未开展竣工验收的填海用海。因此，内业整理出的 156 宗用海项目中（含 130 宗确权、26 宗已使用未确权），最终确定需现场测量用海项目 66 宗（已确权 40 宗，未确权 26 宗）。

2. 测量方法

温州地区 CORS（连续运行参考站系统）网已覆盖，现场测量采用接入 WZCORS 的 RTK 测量方法，测量依照《全球定位系统（GPS）测量规范》（GB/T 18314—2009）、《全球定位系统实时动态测量（RTK）技术规范》（CH/T 2009—2010）执行。项目使用了 Trimbl R8 和 R10 各一套。所有调查测量仪器经国家法定计量机构检定证明有效。

通过控制点核测，验证 CORS 提供数据的可靠性。本项目对均匀分布在测区范围内控制点进行了控制点核测。将控制点已知的 CGCS2000 大地坐标和核测采集的大地坐标进行高斯正算，中央经线为 121°E，以满足最靠近核查用海区域的 0.5° 整数倍中央经线的要求。将投影得到的高斯平面坐标进行比较，精度满足导则要求。

3. 测量过程

1）现场踏勘

外业测量人员首先对测区周边环境进行踏勘，查看有无危险设施和物品，如油品、化工品码头和正在作业施工的码头。查看有无影响 GPS 信号的建筑物，并连接仪器试测，确保仪器能够正常使用（图 3-48 和图 3-49）。

图 3-48　温州石油分公司状元油库

图 3-49　温州港龙湾港区

2）指界确认

在龙湾区海洋与渔业局行政人员的见证下，由海域使用权人或代理人指界确认用海边界，并与遥感图进行对比，确认现状时效性。涉及用海方式、用海范围和用途改变的项目，需拍照确认指界事实（图 3-50 和图 3-51）。

3）测量实施

界址测量利用 WZCORS 的 RTK 进行测量（图 3-52 和图 3-53），主要遵循以下原则：

（1）填海或构筑物与原有陆地边界的界址按批复界址点确定；

（2）填海或构筑物现场实测；

（3）对无法实地测量的界址点，根据实测界址点和标志点坐标，并结合相关资料，如工程剖面图、竣工图、主管部门批复的范围等，进行内业推算。

图 3-50　调访个体业主

图 3-51　调访单位委托人

图 3-52　岸线测量

4）拍照记录

现场测量时填写"龙湾区海域使用权属核查现场调查表"中现场测量的相关内容，测量过程需拍照，照片包含用海项目全景、近景、细部特征、测量过程、签字

图 3-53 界址测量

确认等（图 3-54~图 3-57）。

图 3-54 全貌

图 3-55 项目四至

图 3-56　测量

图 3-57　签字确认

4. 测量结果

国家海洋局温州海洋环境监测中心站投入外业组 2 人，浙江省第十一地质大队投入外业组 4 人、内业组 4 人，在龙湾区海洋与渔业局工作人员的配合下，于 2016 年 10 月 9 日至 11 月 17 日期间对龙湾区海域内 66 个项目进行了外业实地测绘，总共现场实测了 66 个项目用海。

（七）数据处理与质量控制

1. 现场测量资料处理

在完成内业核查、现场权属核查与现场测量的基础上，对搜集和现场取得的数据、图件、文字和其他相关资料分别进行整理、归类、扫描、汇编。原始测量数据存储为 txt 格式，现场测量照片保存为 JPG 格式，使用 AutoCAD 及 ArcGIS 软件绘制宗海图，图件格式为 DWG、MXD 格式，根据核查资料和测绘数据制作现场测量图、海域使用对比分析图、宗海位置图、海籍图等。利用 ArcGIS 软件制作重点区域海域权属核查 shp 格式数据。坐标转换采用"GpsTool 工具箱 5.0"。

2. 图件绘制和面积计算

利用 ArcGIS 软件，根据核查资料和测绘数据形成核查后宗海界址，制作现场测量图、海域使用对比分析图、宗海图、海籍图等。

1）宗海界址及内部单元确定

根据实测界址点和标志点坐标，并结合相关资料，如工程剖面图、竣工图、主管部门批复的范围等，推算获得界址点坐标。

根据用海方式顺序逆时针进行界址点编号，由宗海界址点生成界址线和界址面 shp，界址面以二级用海方式构建。

将数据加入到预先定制好的对比分析图、现场测量图、宗海位置图模板制作相应的图件，并根据宗海图编绘规范对宗海图要素进行整饰绘制。

2）面积计算

在 ArcGIS 软件中，各宗海面以区域中心相近的 0.5°整数倍经线为中央经线进行了高斯-克吕格投影，利用计算几何工具自动计算宗海各个单元面积，宗海面积等于各单元面之和。

3）数据对比

对核查前后核查对象的界址、海域使用权人、面积、用海类型、用途、用海方式、用海期限、海域使用金征收标准等权属信息发生变化的，要进行数据的对比分析，填写龙湾区海域使用权属核查结果汇总表，进行现场测量的，要按照《重点区域海域使用权属核查技术规程》规定的样式制作对比分析图。

3. 质量控制

1）内业检查

（1）原始数据检查

对仪器导出的原始数据进行检查，确保无错测、漂移点数据。

（2）工作底图检查

在总体检查基本符合要求的基础上，检查工作底图数学精度、色调、反差、整饰是否符合要求。

（3）图件数据检查

shp 数据是否通过拓扑检查，属性是否符合填表要求，是否与核查成果表保持一致。利用海域使用动态监视监测系统数据库，对数据成果中的界址、面积等权属信息进行复核。

（4）图件成果检查

主要检查图式使用是否正确、各种注记是否符合要求、图面整饰是否清晰完整。

（5）文字报告检查

内容是否齐全、结构是否合理、表述是否清楚等。

2）外业检查

（1）总体检查

界址点、界址线位置是否与实地一致，现场调查表填写内容是否与实际一致，用海类型、用海方式等认定是否准确。

（2）控制点检查

测量控制点位置是否合适，标志设置是否规范，与点之记描述是否一致。

（3）界址点测量检查

外业选择适当的测站，利用 RTK 等仪器采用同精度方法检测，抽检界址点点数 50 个（不少于 10%），并与已有坐标进行比较，最大点位误差 0.08 米。

（八）核查问题

龙湾区域范围内共核查各类型项目用海 156 宗，包括 115 个用海项目 130 宗、已确权登记项目用海和 26 宗已使用未确权项目用海。通过核查，共发现各类问题用海 48 宗，包括已使用未确权用海 26 宗、已确权用海 22 宗（位置不准用海 12 宗、用海方式改变用海 5 宗、过期未注销用海 2 宗、未采用 WGS-84 坐标系用海 3 宗）。

1. 已使用未确权项目

本次权属核查通过遥感筛查和现场核查的方式共发现 26 宗已使用未确权用海，

主要包括码头、桥梁、围堤等构筑物设施及少量的码头后方堆场填海造地。

　　根据现场核查和走访了解，已使用未确权项目主要包括《海域法》实施前已投入使用的经营性砂石料码头及堆场，渔业、水利等部门的码头和潮位站，交通及各功能区管委会的道路、加气站、桥梁、潜堤、围堤等公益性用海，当地村委会的交通码头等。各级海洋行政主管部门应加强海域使用管理法律法规的宣传，督促各用海项目办理公益性登记或确权办证，纳入管理。部分已使用未确权用海项目现状见图 3-58 ~ 图 3-67。

图 3-58　温州大桥

图 3-59　状元渡口码头

图 3-60　灵昆潮位站

图 3-61　温州港龙湾港区二期工程

图 3-62　灵昆潜堤

图 3-63 温州市龙湾强顺沙场

图 3-64 待建加气田站项目

图 3-65 瓯江路东延伸段道路项目

图 3-66 进岳砺壳码头

图 3-67 渔业大队基建

2. 位置不准用海

通过此次核查共发现有 12 宗位置不准用海，根据测量结果和相关资料分析（图 3-68~图 3-73），用海项目位置不准的原因主要有以下两点。

（1）周边无其他项目相邻，私自扩大用海范围。因为东西两侧无相邻项目，扩大其范围，如金泰装卸石泥沙码头 300T 项目等（图 3-74）。

（2）原审批宗海界址与岸线衔接不准确。原批复界址与实际岸线不吻合，并且未区分透水构筑物和港池用海范围，如温州石油分公司状元油库码头等（图 3-75）。

图 3-68　金泰装卸石泥沙码头 300T

图 3-69　状元渔业大队杂货码头工程

图 3-70　温州石油分公司状元油库码头

图 3-71　温州扶贫经济开发区石泥沙经销公司 500 吨级码头

图 3-72　温州市龙湾区蓝田高仁码头建设项目

图 3-73　300 吨级码头迁扩建工程

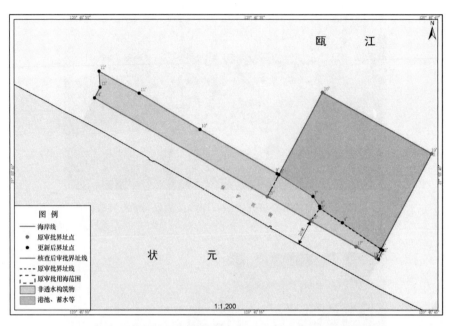

图 3-74 金泰装卸石泥沙码头 300T 项目

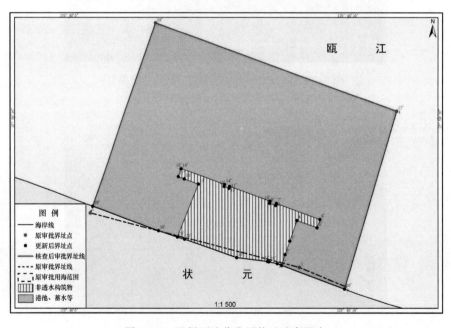

图 3-75 温州石油分公司状元油库码头

3. 用海方式改变用海

根据现场测量界址与批复界址叠加图，共发现 5 宗改变用海方式用海，包括透水构筑物用海变成非透水构筑物用海、港池变成透水构筑物、确权透水构筑物用海方式实际为港池，对于改变用海方式的用海项目，需有海监执法机构查处后按照法律法规办理海域使用手续，或恢复原状，部分项目见图 3-76~图 3-78。

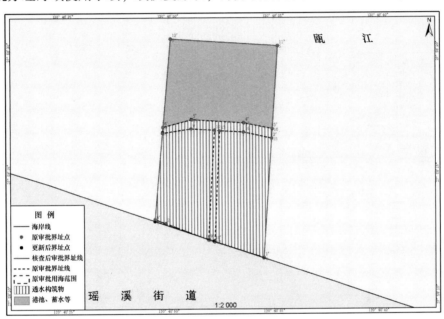

图 3-76　龙湾东港区石化码头及库区工程对比分析

4. 过期未注销用海

浙江省海运公司温州海运有限公司船厂码头项目用海与温州市太平洋石化有限公司码头项目用海均于 2011 年到期，见图 3-79 和图 3-80。

5. 未采用 WGS-84 坐标

核查发现有 3 宗用海原宗海图采用北京 54 坐标。根据技术规程，将该宗用海项目坐标转换成 CGCS2000 坐标后，结合实测界址，重新绘制了宗海图，见图 3-81~图 3-83。

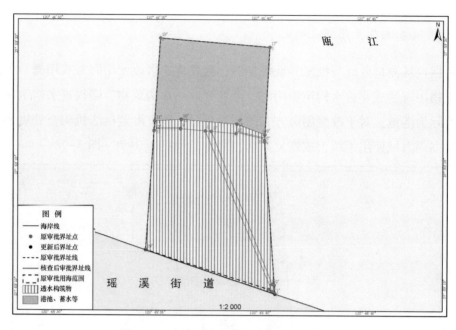

图 3-77　龙湾油库四号专用码头对比分析

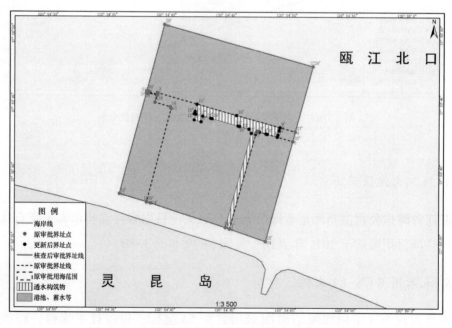

图 3-78　温州海运有限公司多用途码头工程对比分析

图 3-79 浙江省海运公司温州海运有限公司船厂码头照片

图 3-80 温州市太平洋石化有限公司码头照片

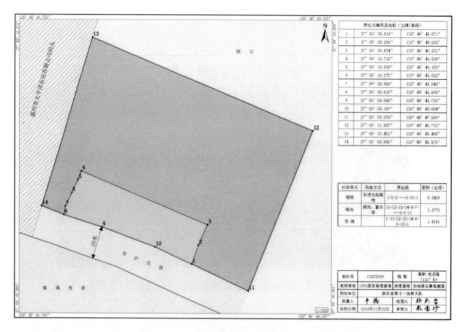

图 3-81　温州市龙东货物码头界址

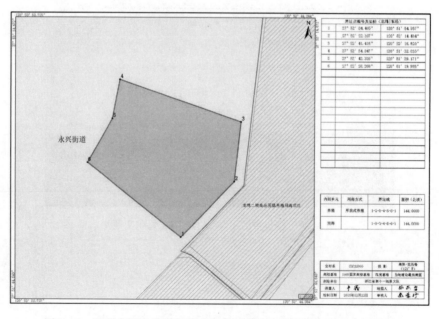

图 3-82　温州市远达海洋娱乐有限公司龙湾金海岸休闲渔业中心界址

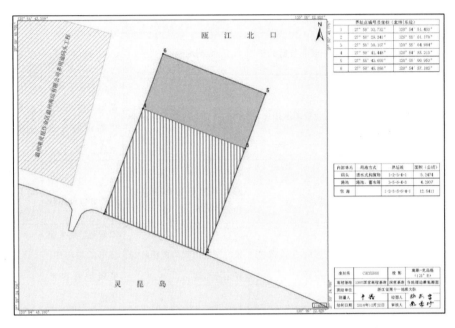

图 3-83　温州港集团有限公司灵昆作业区多用途码头工程界址

6. 处理建议

对存在以上问题的 48 宗用海，根据《中华人民共和国海域使用管理法》《浙江省海域使用管理条例》和《海域使用权管理规定》等法律法规要求，提出了处理建议，具体见表 3-16。

表 3-16　问题用海处理建议

项目序号	项目名称	疑问数据类型	情况说明	建议	备注
1	浙江省海运公司温州海运有限公司船厂码头	过期但未注销用海	该用海项目大部分位于海洋功能区划外，业主认为不属于海域	由人民政府出台解决意见	
2	金泰装卸石泥沙码头 300T	位置不准用海	存在超范围用海，实际占用堤塘 20 米保护范围	对违法用海实施处罚并恢复原状	
3	温州状元渔业大队杂货码头工程	位置不准用海	存在超范围用海，实际占用堤塘 20 米保护范围	对违法用海实施处罚并恢复原状	北京 54 坐标

项目序号	项目名称	疑问数据类型	情况说明	建议	备注
5	温州石油分公司状元油库码头	位置不准用海	内侧界址与堤塘衔接不准	依据测量结果重新出具宗海图，更新用海界址信息	过期但未注销用海
6	温州市燃料有限公司码头	用海方式改变用海	批复透水构筑物和港池范围实际为非透水构筑物用海	对违法用海实施处罚并恢复原状	过期但未注销用海；北京54坐标
14	温州龙湾调峰电厂燃油码头工程（二号码头）	用海方式改变用海	宗海图对透水构筑物范围界定不合理	依据测量结果重新出具宗海图，更新用海界址信息	
15	港口石化仓储有限公司龙湾东港区石化码头及库区工程	用海方式改变用海	宗海图对透水构筑物范围界定不合理	依据测量结果重新出具宗海图，更新用海界址信息	
16	温州中油石油销售有限公司龙湾油库四号专用码头	用海方式改变用海	宗海图对透水构筑物范围界定不合理	依据测量结果重新出具宗海图，更新用海界址信息	
17	温州市太平洋石化有限公司码头	过期但未注销用海	宗海图对透水构筑物范围界定不合理	依据测量结果重新出具宗海图，更新用海界址信息	
18	温州市龙东货物码头	未采用 WGS－84 坐标系	原宗海图采用北京54坐标系	坐标转换后重新出具宗海图，更新用海界址信息	
19	温州扶贫经济开发区石泥沙经销公司500吨级码头	位置不准用海	存在超范围用海，实际占用堤塘20米保护范围	对违法用海实施处罚并恢复原状	
20	温州市龙湾扶贫丰源沙场500吨级码头	位置不准用海	存在超范围用海，实际占用堤塘20米保护范围	对违法用海实施处罚并恢复原状	

项目序号	项目名称	疑问数据类型	情况说明	建议	备注
22	龙湾分输清管站工程	位置不准用海	存在超范围填海	对违法用海实施处罚并恢复原状	
23	蓝田高仁码头建设工程	位置不准用海	存在超范围用海，实际占用堤塘20米保护范围	对违法用海实施处罚并恢复原状	
24	温州市蓝田水产码头	位置不准用海	存在超范围用海，实际占用堤塘20米保护范围	对违法用海实施处罚并恢复原状	北京54坐标
25	龙湾区海滨东源码头	位置不准用海	存在超范围用海，实际占用堤塘20米保护范围	对违法用海实施处罚并恢复原状	
26	300吨级码头迁扩建工程	位置不准用海	存在超范围用海，实际占用堤塘20米保护范围	对违法用海实施处罚并恢复原状	
49	温州远达海洋娱乐有限公司龙湾金海岸休闲渔业中心	未采用WGS-84坐标系	原宗海图采用北京54坐标系	坐标转换后重新出具宗海图，更新用海界址信息	
84	龙湾区渔政海监码头	位置不准用海	内侧界址与堤塘衔接不准	依据测量结果重新出具宗海图，更新用海界址信息	
85	中国渔政浙南基地项目	用海方式改变用海	实际建设码头与批复不一致	对码头进行竣工验收，更新用海界址信息	
87	温州港集团有限公司灵昆作业区多用途码头工程	未采用WGS-84坐标系	原宗海图采用北京54坐标系	坐标转换后重新出具宗海图，更新用海界址信息	
115	浅滩一期东堤、南堤工程	位置不准用海	实际建设堤坝与批复偏差很大	依据测量结果重新出具宗海图，更新用海界址信息	北京54坐标

项目序号	项目名称	疑问数据类型	情况说明	建议	备注
116	温州大桥（状元至七都段）	已使用未确权用海	海域法实施前用海项目	督促业主办理用海手续	
117	状元渡口码头	已使用未确权用海	海域法实施前用海项目	督促业主办理用海手续	
118	金泰沙石 500 吨级码头	已使用未确权用海	海域法实施前用海项目	督促业主办理用海手续	
119	温州港龙湾港区二期工程	已使用未确权用海	未批先建，业主为温州港集团	督促业主办理用海手续	
120	鑫达货物中转有限公司码头	已使用未确权用海	未批先建，业主为	督促业主办理用海手续	
121	灵昆潜堤	已使用未确权用海	海域法实施前用海项目	督促业主办理用海手续	
122	灵昆大桥	已使用未确权用海	海域法实施前用海项目	督促业主办理用海手续	
123	温州市龙湾强顺沙场	已使用未确权用海	未批先建，业主为	督促业主办理用海手续	
124	瓯江路东延伸道路项目	已使用未确权用海	未批先建，业主为	督促业主办理用海手续	
125	龙湾分输清管站待建加气田站项目	已使用未确权用海	未批先建，业主为	督促业主办理用海手续	
126	进岳砺壳码头	已使用未确权用海	未批先建，业主为	督促业主办理用海手续	
127	延斌装卸码头#1	已使用未确权用海	未批先建，业主为	督促业主办理用海手续	
128	胜利码头	已使用未确权用海	未批先建，业主为	督促业主办理用海手续	
129	张启标沙场码头	已使用未确权用海	未批先建，业主为	督促业主办理用海手续	

项目序号	项目名称	疑问数据类型	情况说明	建议	备注
130	蓝田海滨码头	已使用未确权用海	未批先建，业主为	督促业主办理用海手续	
131	延斌装卸码头#2	已使用未确权用海	未批先建，业主为	督促业主办理用海手续	
132	蓝田水泥码头	已使用未确权用海	未批先建，业主为	督促业主办理用海手续	
133	渔业大队基建项目	已使用未确权用海	未批先建，业主为	督促业主办理用海手续	
134	灵昆潮位站	已使用未确权用海	未批先建，业主为	督促业主办理用海手续	
135	灵昆万峰码头	已使用未确权用海	未批先建，业主为	督促业主办理用海手续	
136	灵昆宏丰码头	已使用未确权用海	未批先建，业主为	督促业主办理用海手续	
137	灵昆天祥 500 吨级码头	已使用未确权用海	未批先建，业主为	督促业主办理用海手续	
138	灵昆周宅石子沙场	已使用未确权用海	未批先建，业主为	督促业主办理用海手续	
139	灵昆北渡码头	已使用未确权用海	未批先建，业主为	督促业主办理用海手续	
140	灵昆航标站码头	已使用未确权用海	未批先建，业主为	督促业主办理用海手续	
141	灵昆灰库码头	已使用未确权用海	未批先建，业主为	督促业主办理用海手续	

（九）核查成果

1. 文字成果

根据东海区重点区域海域使用权属核查技术报告大纲编制了《东海区重点区域海域使用权属核查技术报告》。

2. 图件成果

收集的文件资料均进行扫描电子化，与现场采集的数据、拍摄的照片以及绘制的图件按照项目归类，文件级别目录见图3-84。

图3-84　文件结构

绘制疑问数据统计图5幅，现场测量图40幅（图3-85），对比分析图40幅（图3-86），宗海界址图140幅（图3-87），宗海位置图140幅，核查后海籍图10幅（图3-88~图3-90），共计375幅。

图3-85　现场测量图示例

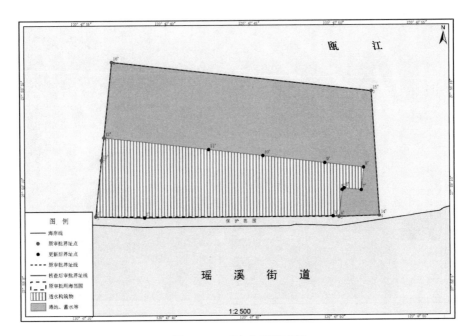

图 3-86 对比分析图示例

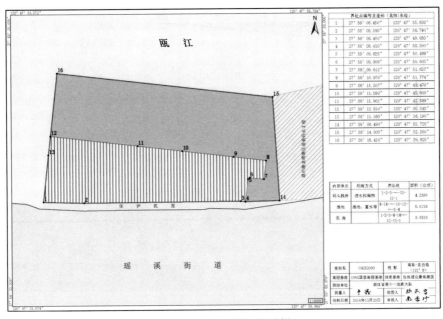

图 3-87 宗海界址图示例

119

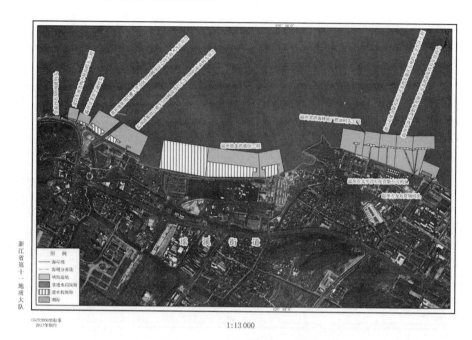

图 3-88　龙湾区海籍图示例 1

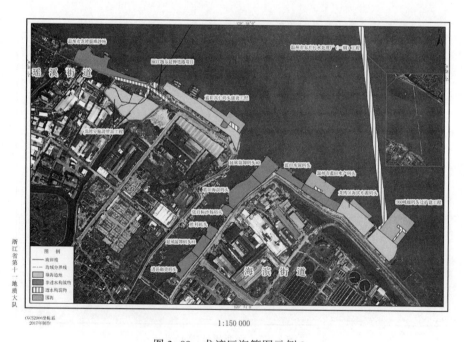

图 3-89　龙湾区海籍图示例 2

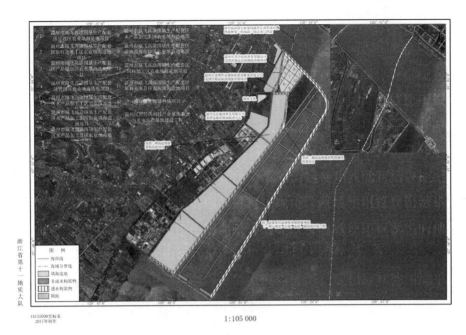

图 3-90 龙湾区海籍图示例 3

3. 数据成果

核查前的《龙湾区海域使用权属原始信息汇总表》《龙湾区疑问数据汇总表》，核查中的《龙湾区海域使用权属核查现场调查表》，核查后形成《龙湾区海域使用权属核查成果表》，见数据表集：包括《龙湾区海域使用权属核查结果汇总表》《龙湾区海域使用权属核查成果信息表》和《龙湾区海域使用权属核查成果统计表》。将所有权属核查数据按照规范属性信息制作成龙湾区海域使用权属核查 shp 数据集（表 3-17，图 3-91）。

表 3-17　重点区域海域使用权属核查 shp 数据属性结构

字段名	数据类型	描述
XH	Short Integer（4）	序号
XMMC	Text（100）	项目名称
WZ	Text（100）	位置
ZT	Text（40）	状态
HYSYQR	Text（100）	海域使用权人
SHJG	Text（100）	审核机关

字段名	数据类型	描述
YHLX	Text（40）	用海类型（二级类），参照《海域使用分类》（HY/T 123—2009）
YHZMJ	Double（8，4）	用海总面积
ZSBH	Text（100）	证书编号
QSSJ	DATE	起始时间
ZZSJ	DATE	终止时间
YHFS	Text（40）	用海方式（二级类），参照《海域使用分类》（HY/T 123—2009）
YHFSMJ	Double（8，4）	用海方式面积
BZ	Text（200）	备注

图 3-91　Shp 数据属性字段示例

（十）结论

2016 年东海区重点区域海域使用权属核查工作由国家海洋局温州海洋环境监测中心站承担，浙江省第十一地质大队协作共同完成。

通过核查，龙湾区海域（含灵昆街道）共有各类型项目用海 156 宗，其中省、市、县三级批准确权或登记的项目用海共 130 宗，已使用未确权用海 26 宗。已经确权或登记的 130 宗项目用海中，35 宗项目完成填海验收。确认各类问题用海 48 宗，其中已使用未确权用海 26 宗，位置不准用海 12 宗，用海方式改变用海 5 宗，过期未注销用海 2 宗，未采用 WGS-84 坐标系用海 3 宗。

本次核查编制实施方案 1 份，现场测量用海 66 宗，编制核查图集 1 套（总 377 幅，包括疑问数据统计图 7 幅、现场测量图 40 幅、对比分析图共 40 幅、宗海图界址图 140 幅、宗海图位置图 140 幅、核查后海籍图 10 幅）、核查数据表 4 份、核查技术报告和工作报告各 1 份。

三、重点区域海域使用权属核查典型案例评析

（一）权属核查主要流程和技术重点

1. 内业核查

内业核查最终目的为筛选疑问数据，包括：已使用未确权用海、已确权未使用用海、位置不准用海、未采用 CGCS2000 坐标系、坐标系未标注或不准确用海、用海方式或用海类型改变用海、过期但未注销用海和登记信息不准用海。

核查区域内所有核查对象应包括海域使用动态监视监测管理系统、海域管理部门掌握（有登记、有记载或有批复）的实际发生以及遥感影像反映出来的用海数据。

通过资料收集、坐标与投影转换、资料数据对比分析，筛查出疑问数据，确定需进行外业核查的用海项目，报送相关海域管理部门。

2. 外业核查

对需进行外业核查的用海，以宗海为单元，进行现场权属核查和现场测量，填写权属核查现场调查表。

核查技术单位现场核查人员应携带核查项目相关权属资料、海域使用权属核查现场调查表等到现场。海域使用权人或代理人应携带身份证明、现场调查表等相关材料到现场。主要核查用海项目名称、海域使用权人、用海类型、用海方式、用海范围、填海是否已换发土地证等。

对核查前后核查对象的界址、海域使用权人、面积、用海类型、用海方式、用海期限等权属信息发生变化的，要进行数据的对比分析，填写海域使用权属核查结果汇总表，进行现场测量的，给出对比分析图。

3. 成果制作

对核查结果进行数据汇总和统计，绘制成果图件，编制成果报告，制作成果数据集。

文字成果包括：海域使用权属核查技术报告；海域使用权属核查工作报告。

图件成果包括：现场测量图；海域使用对比分析图；权属核查后宗海位置图、界址图；核查区域海籍图。

（二）权属核查典型案例评析

1. 内业核查

案例充分掌握了核查区域概况和核查区域的用海分布情况，并制定了技术路线和实施方案；利用海域使用动态监视监测系统对内业核查所需材料进行收集并整理，根据坐标转换和投影转换结果重新绘制宗海图；对权属信息进行核查并对通过遥感影像校正分析、用海图斑识别、收集资料的矢量化和空间叠置分析等手段对资料数据对比分析，筛查出疑问数据，整理出内业核查成果。

但同时权属内业核查应注意以下问题：

（1）存在部分海域法实施以前建成的用海项目。

（2）实际海域使用权人发生变更未到海洋行政管理部门办理变更登记，海域使用权证书到期未办理续期手续。

（3）海域使用动态监管系统数据库资料信息更新不及时，已完成填海验收并换发土地证和已注销的项目用海未完成注销流程。

（4）存在违法用海现象被立案处罚后未及时补办用海手续或恢复原状。

2. 外业核查

案例根据技术规程，确定最终需现场测量用海项目，通过现场踏勘、指界确认、测量实施和现场拍照对项目进行现场测量并填写权属核查现场调查表。

通过外业核查发现有以下两类问题存在：

（1）通过调查发现权属信息发生变化，但手续不齐全。

在调查中发现海域使用权人反馈了用海项目存在实际使用人变更、用海项目注销等情况，但未提供相关文件依据，如海滨东源码头实际使用人变为温州永固混凝土有限公司。

（2）海域使用权人不配合调查。

在调查中因为用海项目存在用海方式、用海范围改变等问题，海域使用权人拒不签字，或者要求对现场调查表中的相关描述做出修改才签字。

同时外业测量实施过程中遇到常见问题：

①部分码头的界址点紧挨较高建筑物，信号遮挡较严重影响 RTK 数据采集；

②部分界址点因安全问题数据采集难度比较大，根据实测界址点和标志点坐标进行推算。

3. 核查问题与成果制作

案例确认各类问题用海 48 宗，其中已使用未确权用海 26 宗，位置不准用海 12 宗，用海方式改变用海 5 宗，过期未注销用海 2 宗，未采用 WGS-84 坐标系用海 3 宗。

核查编制实施方案 1 份，现场测量用海 66 宗，编制核查图集 1 套（总 377 幅，包括疑问数据统计图 7 幅、现场测量图 40 幅、对比分析图共 40 幅、宗海图界址图 140 幅、宗海图位置图 140 幅、核查后海籍图 10 幅）、核查数据表 4 份、核查技术报告和工作报告各 1 份。

案例根据《中华人民共和国海域使用管理法》《浙江省海域使用管理条例》和《海域使用权管理规定》等法律法规要求，对存在问题的 48 宗用海提出了优化处理建议。

4. 案例实践相关建议

建议技术规范中增加各种问题用海类型的图件示例，对图件图层顺序、出图比例尺、图斑颜色等做具体规定，以便制作成果统一规范。

建议将位置不准用海中用海范围变化用海单独作为一种疑问用海类型，比如超批复范围用海。

加强海域使用动态监视监测管理系统的管理与应用，对已经换发土地证和已经注销的项目用海应及时在系统中完成注销流程。

第四章　海域权属测绘相关软件应用

第一节　海域权属现状分析辅助系统

（一）海域权属现状分析辅助系统简介

在进行项目用海权属确定过程中，项目用海与周边用海权属数据的统计和分析工作非常重要。目前，这项工作还依靠传统的地理信息系统软件进行分析。在统计和分析工作中，常常因为分析人员的失误，而影响整体的统计和分析结果。为了实现海域权属现状数据统计和分析工作的全面自动化，在充分了解业务需求的基础上，进行了海域权属现状分析辅助系统研发工作。

功能模块包括项目用海与周边用海现状距离自动统计、海域权属数据分区分类统计与汇总统计、利益相关者影响力分析模型和悬沙距离拉力扩散模型。

（二）海域权属现状分析辅助系统运行环境

1. 系统开发平台

系统通过 Microsoft Visual Studio 2015 平台进行编写程序，来对分析过程自动化计算与结果可视化展示。

2. 系统运行环境

运行系统：win10、win7、XP

开发平台：Microsoft Visual Studio 2010

开发语言：C#

组件配置：嵌入 ArcGIS Engine 组件

运行环境：Framework 3.5、ArcGIS Engine Runtime

（三）海域权属现状分析辅助系统功能介绍

（1）海域权属现状分析辅助系统运行界面（图4-1）

图4-1　海域权属现状分析辅助系统界面

（2）数据分析功能模块（图4-2）

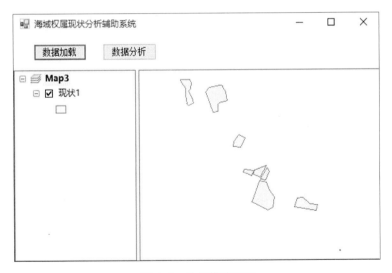

图4-2　分析模块界面

进入系统后，加载数据后便可以应用数据分析模块对数据进行分析。数据分析模块中包括项目用海与周边用海现状距离自动统计、海域权属数据分区分类统计与汇总统计、利益相关者影响力分析模型、悬沙距离拉力扩散模型及用海项目周边水质分析模型，5 个功能模块（图 4-3）。

图 4-3　分析模块按钮界面

通过应用"利益相关者影响力分析模型"模块可以分析出周边权属数据受项目用海的影响力，得出结果为影响力系数（图 4-4）。影响力系数代表的是受项目用海的程度。系统有阈值报警系统，当影响力系数超出阈值时，系统将会弹出窗口告知。说明项目用海对某个用海的影响程度较大，不宜开展项目用海建设。

通过应用"悬沙距离拉力扩散模型"模块，是在进行利益相关者界定时，应用悬浮距离拉力扩散模型，设定拉力系数后（图 4-5），对悬浮物扩散距离进行修正，以更准确的界定利益相关者（图 4-6）。

通过应用"项目用海与周边用海现状距离自动统计"模块，实现了项目用海与周边用海的自动测距功能。在空间上，实现了空间分析及可视化显示，在时间上提高数据计算速度，实现了业务自动化，提高了工作效率。

128

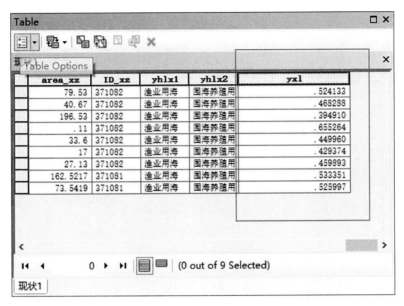

图 4-4 利益相关者影响力分析结果界面

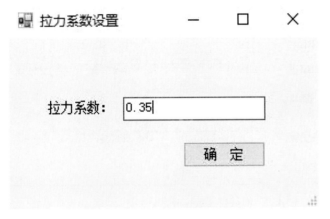

图 4-5 悬沙距离拉力系数输入界面

通过应用"海域权属数据分区分类统计与汇总统计"模块，实现了大范围、区域性的海域权属数据自动统计，并进一步对不同类型的用海类型进行分类统计（图 4-7）。

方式代码	用海方式	方式面积	str_name	zxjl	area_xz
33	围海养殖	79.53	dy635	10482.667075	79.53
33	围海养殖	40.67	dy636	9365.768789	40.67
33	围海养殖	196.53	dy637	7898.20239	196.53
33	围海养殖	.11	dy638	13105.287635	.11
33	围海养殖	33.6	dy639	8999.19752	33.6
33	围海养殖	17	dy640	8587.486769	17
33	围海养殖	27.13	dy641	9197.85301	27.13
33	围海养殖	162.5217	dy642	10667.025312	162.5217
33	围海养殖	73.5419	dy643	10519.938023	73.5419

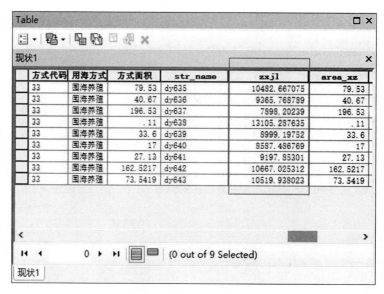

图 4-6　悬沙距离拉力扩散执行结果界面

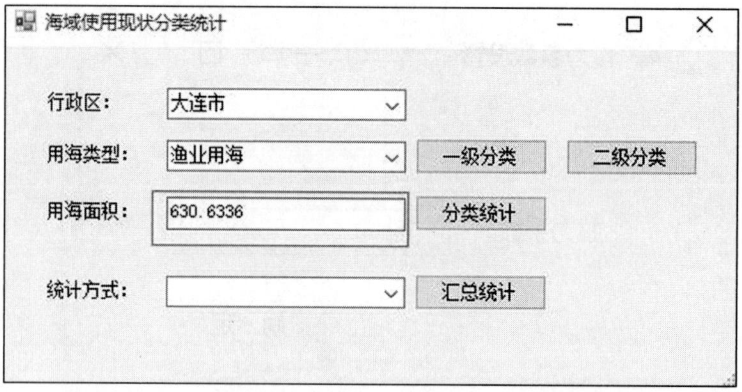

图 4-7　海域权属数据分区分类统计与汇总统计界面

第二节　海域权属核查快速分析软件

一、海域权属核查快速分析软件简介

在一些用海密集区，存在用海重叠、上陆、图形严重失实、坐标飘移等问题。

解决以上问题的根本在于全面开展海域使用权属核查工作，海籍调查是海域使用管理的必需和常规性手段。海域权属核查快速分析软件，是用以辅助海域使用权属核查工作，使各级政府和海洋部门及时准确掌握海域使用权属数据，从而更好地履行海洋综合管理职责，为实现海域精细化管理提供技术依据。

主要功能包括数据的可视化显示、数据编辑与存储、数据管理以及实测权属数据与核查数据的对比分析

二、海域权属核查快速分析软件功能介绍

（一）海域权属核查快速分析软件界面

系统主界面共分为 4 部分：①系统菜单，包括数据加载、漫游、测量、放大缩小；②地图面板，显示遥感影像、权属数据以及分析结果；③地图显示控制面板，控制用户需求数据的显示；④文本面板，权属核查文本结果在该区域（图 4-8）。

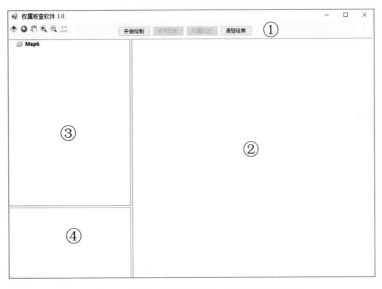

图 4-8　海域权属核查快速分析软件界面

（二）进入系统界面

（1）点击框中的按钮（图 4-9），加载影像以及权属数据。

单击"③"号位置按钮【Rasters】加载遥感影像；

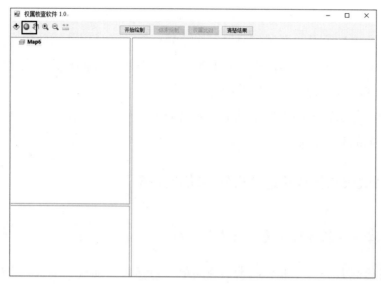

图 4-9　进入系统界面

单击"①"号或者"②"号位置按钮【Shapefiles】或者【Geodatabase】加载权属数据；

"④"号与"⑤"号位置按钮为备用数据格式，即图层文件或者服务器文件（图 4-10），结果如图 4-11 所示。

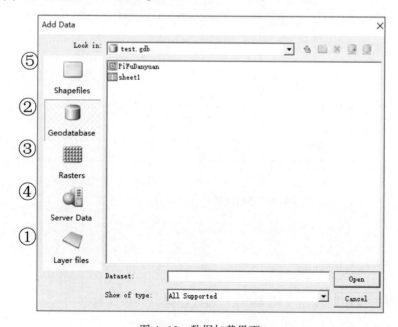

图 4-10　数据加载界面

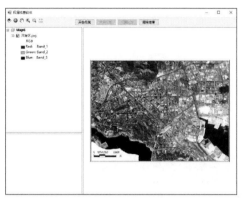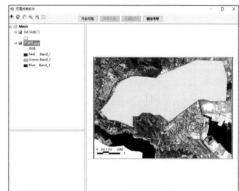

图 4-11　数据显示界面

（2）单击"开始绘制"按钮，绘制实际用海单元（图 4-12）。

（3）单击"结束绘制"按钮，保存实际用海单元（图 4-13）。

（4）单击"权属比对"按钮 ①，选择要进行比对的权属数据，点击"确定按钮" ②，进行权属核查（图 4-14）。

系统自动计算超范围和少范围用海单元、其偏移方向以及最大偏移量，并生成结果文本（图 4-15）。

三、海域权属核查快速分析软件运行环境

（一）系统开发平台

系统通过 Microsoft Visual Studio 2015 平台进行编写程序，来对分析过程自动化计算与结果可视化展示。

（二）系统运行环境

运行系统：win10、win7、XP

开发平台：Microsoft Visual Studio 2010

开发语言：C#

组件配置：嵌入 ArcGIS Engine 组件

运行环境：Framework 3.5、ArcGIS Engine Runtime

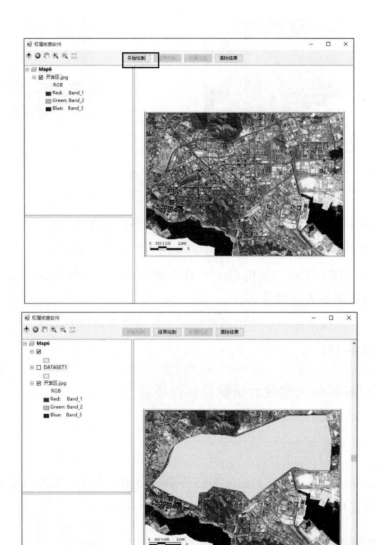

图 4-12　数据开始编辑界面

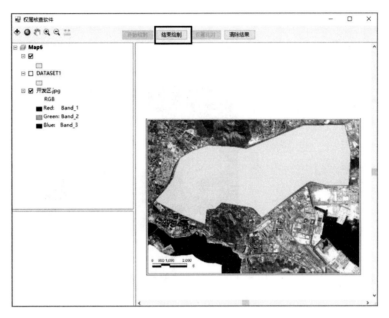

图 4-13 数据结束编辑界面

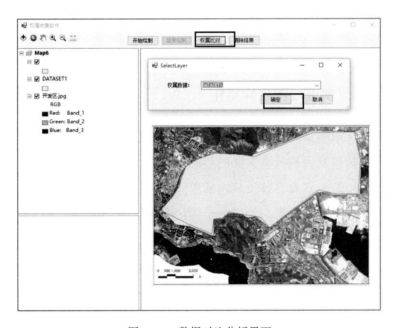

图 4-14 数据对比分析界面

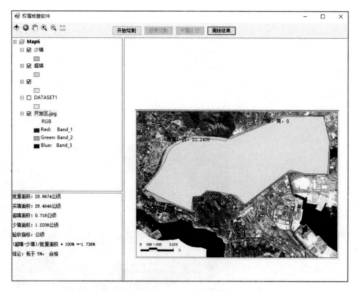

图 4-15　对比分析结果界面

第三节　宗海界址快速成图软件

一、宗海界址快速成图软件简介

宗海界址快速成图是在充分了解《宗海图绘制技术规范》的宗海界址的确定原则、界址点编号规则及面积计算方法的基础上，进行的软件开发工作。通过人机交互过程，对项目用海的宗海界址及其内部单元进行自动绘制，为宗海图绘制提供辅助工具，简化宗海图绘制过程，为进一步强化海域使用管理的精细化水平提供技术保障。

二、宗海界址快速成图软件运行环境

（一）系统开发平台

系统通过 Microsoft Visual Studio 2015 平台进行编写程序，来对分析过程自动化计算与结果可视化展示。

（二）系统运行环境

运行系统：win10、win7、XP

开发平台：Microsoft Visual Studio 2010

开发语言：C#

组件配置：嵌入 ArcGIS Engine 组件

运行环境：Framework 3.5、ArcGIS Engine Runtime

三、宗海界址快速成图软件功能介绍

（1）宗海界址快速成图软件系统界面（图4-16）

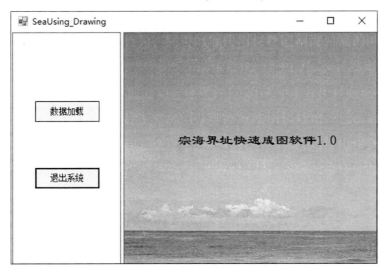

图4-16　宗海界址快速成图软件系统界面

（2）进入分析模块界面（图4-17）

进入系统后，通过点击"选择文件"按钮，选择要加载的界址点文件。选择要绘制的目标文件后，确定生成文件的保存路径，点击"确定"按钮（图4-18和图4-19）。系统将根据目标文件中的坐标文件，自动生成界址点（图4-20）。

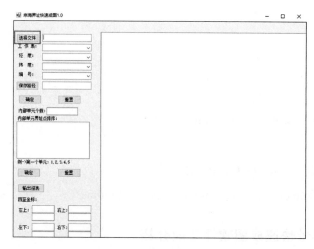

图 4-17　宗海界址绘制界面

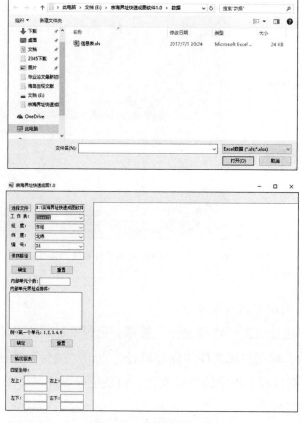

图 4-18　数据选择界面

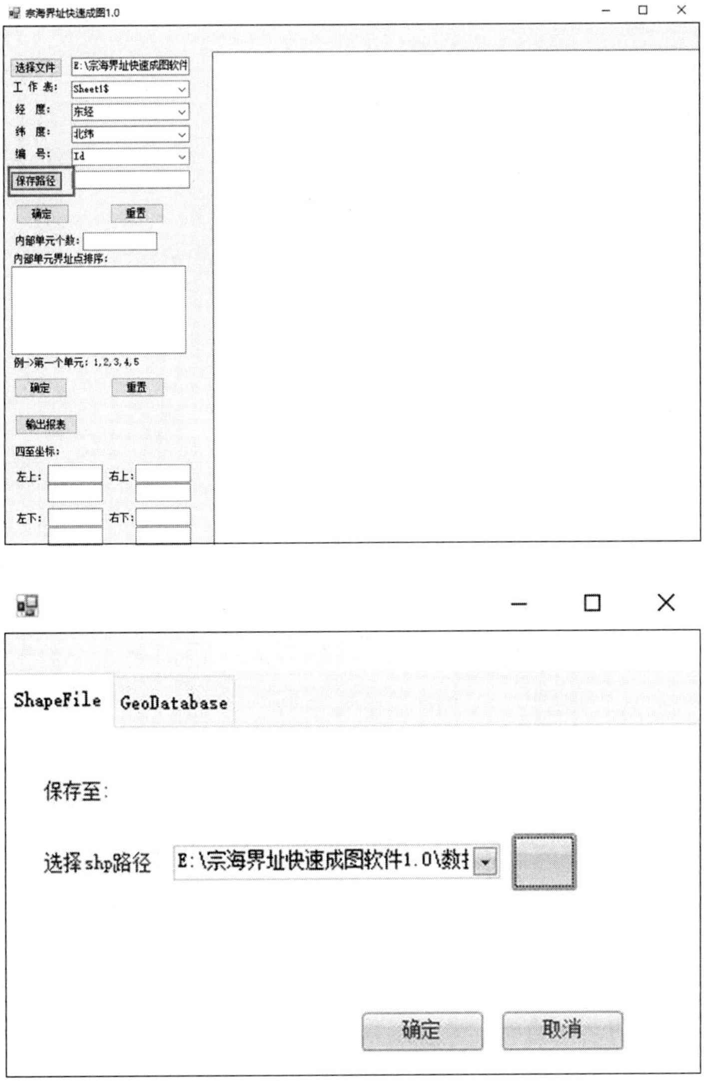
宗海界址快速成图1.0
选择文件
E:\宗海界址快速成图软件
工 作 表:
Sheet1$
经 度:
东经
纬 度:
北纬
编 号:
Id
保存路径
确定
重置
内部单元个数:
内部单元界址点排序:
例->第一个单元: 1,2,3,4,5
确定
重置
输出报表
四至坐标:
左上:
右上:
左下:
右下:
ShapeFile
GeoDatabase
保存至:
选择shp路径
E:\宗海界址快速成图软件1.0\数
确定
取消

图 4-19　数据保存界面

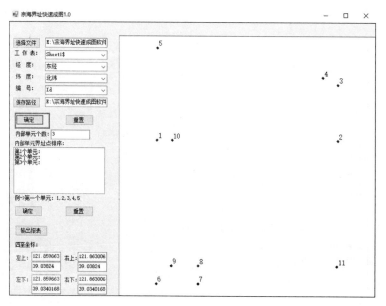

图 4-20   界址点绘制界面

生成界址点后，技术人员可以清晰地看到，界址点所在位置及其编号。根据项目用海的平面布局，确定界址内部单元，在软件的"内部单元个数"一栏中输入，内部单元个数。输入完毕后，在"内部单元个数"下面的空白框中自动生成相应的内部单元名称，技术人员依次输入内部单元的界址点编号。输入完毕后点击确定按钮，软件将自动按照内部单元界址线分割的项目用海界址（图 4-21）。生成项目用海界址文件后，计算其用海面积（单位：公顷），并生成用海范围的四至坐标，显示在"四至坐标"一栏中（图 4-22）。

第四节   填海造地竣工验收对比分析软件

一、填海造地竣工验收对比分析软件简介

"宗海界址快速成图"软件的开发是在研究《填海造地竣工验收技术规范》的基础上进行的。主要功能是通过人-机交互过程，对项目用海的批复宗海界址和实际填海宗海界址进行自动绘制并进行对比分析。使计算过程高效、准确，对填海造

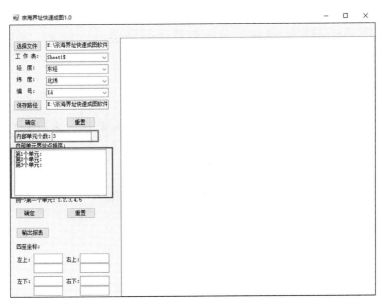

图 4-21　内部单元输入界面

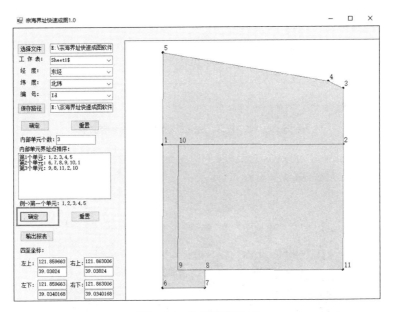

图 4-22　执行结果界面

地批复宗海界址和实际填海宗海界址进行自动绘制，并输出分析结果（超填面积、少填面积及是否符合填海指标），为填海造地竣工验收提供辅助工具，简化分析与制图过程。

二、填海造地竣工验收对比分析软件运行环境

（一）系统开发平台

系统通过 Microsoft Visual Studio 2015 平台进行编写程序，来对分析过程自动化计算与结果可视化展示。

（二）系统运行环境

运行系统：Win10、Win7、XP
开发平台：Microsoft Visual Studio 2010
开发语言：C#
组件配置：嵌入 ArcGIS Engine 组件
运行环境：Framework 3.5、ArcGIS Engine Runtime

三、填海造地竣工验收对比分析软件功能介绍

1）填海造地竣工验收对比分析软件界面（图 4-23）

图 4-23　填海造地竣工验收对比分析软件界面

2）进入系统界面

软件分为 4 个功能区，其中包括"批复界址"和"实测界址"两个分析功能区，"平面布局"和"分析结果"两个显示功能区。分析功能区的主要功能是进行填海项目批复界址和实测界址的对比分析。显示功能区的主要功能是显示填海项目的空间布局以及分析结果的可视化。

（1）分析功能区（图 4-24）

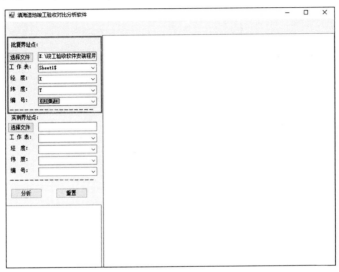

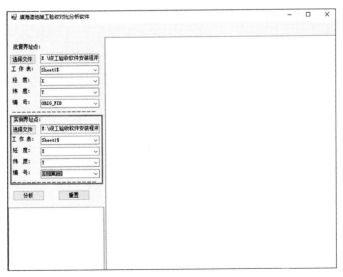

图 4-24　填海造地竣工验收对比分析区界面

（2）显示功能区（图4-25）

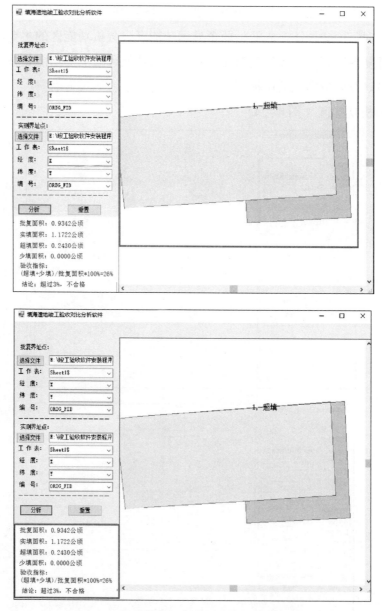

图4-25　填海造地竣工验收对比显示区界面

软件在信息显示区对分析结果进行了显示，分析结果指标包括批复面积（单位：公顷）、实填面积、超填面积、少填面积、验收指标以及结论。通过有效信息的显示，技术人员可以清晰地看到分析结果。

海域权属数据一般是由外业勘测获得，后期数据处理和分析过程操作繁琐，技术人员需要投入大量的精力和时间且容易出错。由于数据处理的不确定性将直接影响到数据精度。借助计算机图形学技术自动成图和分析工具将有效杜绝此类现象发生，简化数据获取流程，降低工作量，提高原始数据预处理效率、提升数据的准确度和科学性，并最终实现数据处理的精细化、精准性、高效性。权属测绘相关软件的应用做到了数据的规范化管理，解决了数据管理零散、不规范、难以移植和后续利用等问题。

参考文献

鲍平勇，张钊，陈子航，等. 重点区域海域使用权属核查的实践和思考 [J]. 海洋开发与管理，2016，33（9）：20-22.

林霞，王鹏，闫吉顺，等. 基于宗海图编绘技术规范的制图关键技术 [J]. 海洋开发与管理，2018，35（3）：21-23.

刘苏，植江瑜. 填海项目竣工海域使用验收测量的技术方法及若干问题探讨 [J]. 海洋开发与管理，2016，33（2）：39-42.

刘文勇，陈振宇，王志良. 湛江市霞山区海域使用权属核查分析 [J]. 2017，34（8）：83-86.

王鹏，林霞，赵博，等. 开展全国海域使用权属核查工作的思考 [J]. 海洋开发与管理，2018，35（9）：8-11.

附　录

附录 1　海籍调查规范

1　范围

本规范规定了海籍调查的基本内容与要求。

本规范适用于我国内海和领海范围内的海籍调查作业。

2　规范性引用文件

下列文件中的条款通过本规范的引用而成为本规范的条款。

GB 3097—1997 海水水质标准

HY 070—2003 海域使用面积测量规范

HY/T 094—2006 沿海行政区域分类与代码

3　术语和定义

3.1　海籍

指记载各项目用海的位置、界址、权属、面积、类型、用途、用海方式、使用期限、海域等级、海域使用金征收标准等基本情况的簿册和图件。

3.2　宗海

指被权属界址线所封闭的同类型用海单元。

3.3　宗海内部单元

指宗海内部按用海方式划分的海域。

3.4　界址点

指用于界定宗海及其内部单元范围和界线的拐点。

3.5 界址线

指由界址点连接而成的线。

3.6 标志点

指具有明显标志并可通过对其坐标的测量推算界址点坐标的点。

3.7 标志线

指由标志点连接而成的线。

4 总则

4.1 海籍调查的目的

海籍调查的目的是通过调查与勘测工作获取并描述宗海的位置、界址、形状、权属、面积、用途和用海方式等有关信息。

4.2 海籍调查的内容

海籍调查的内容包括权属核查、宗海界址界定、海籍测量、面积量算，以及宗海图和海籍图绘制等。

4.3 海籍调查的成果

海籍调查的成果包括海籍测量数据、海籍调查报告（含宗海图）和海籍图。

4.4 海籍调查的单元

海籍调查的单元是宗海。同一权属项目用海中的填海造地用海应独立分宗。

5 宗海界址界定

5.1 宗海界址界定的基本原则

5.1.1 尊重用海事实原则

根据用海事实，针对海域使用的排他性及安全用海需要，参照本规范所列宗海

148

界址界定的一般流程和基本方法，界定宗海界址。

5.1.2　用海范围适度原则

宗海界址界定应有利于维护国家的海域所有权，有利于海洋经济可持续发展，应确保国家海域的合理利用，防止海域空间资源的浪费。

5.1.3　节约岸线原则

宗海界址界定应有利于岸线和近岸水域的节约利用。在界定宗海范围时应将实际无需占用的岸线和近岸水域排除在外。

5.1.4　避免权属争议原则

宗海界址界定应保障海域使用权人的正常生产活动，避免毗连宗海之间的相互穿插和干扰，避免将宗海范围界定至公共使用的海域内，避免海域使用权属争议。

5.1.5　方便行政管理原则

宗海界址界定应有利于海域使用行政管理，在保证满足实际用海需要和无权属争议的前提下，对过于复杂和琐碎的界址线应进行适当的归整处理。

5.2　宗海界址界定的一般流程

5.2.1　宗海分析

根据本宗海的使用现状资料或最终设计方案、相邻宗海的权属与界址资料以及所在海域的基础地理资料，按照有关规定，确定宗海界址界定的事实依据。对于界线模糊且不能提供确切设计方案的开放式用海，按相关设计标准的要求确定其界址的界定依据。

5.2.2　用海类型与方式确定

按照海域使用分类相关规定，确定宗海的海域使用一级和二级类型，判定宗海内部存在的用海方式。

5.2.3 宗海内部单元划分

在宗海内部，按不同用海方式的用海范围划分内部单元。用海方式相同但范围不相接的海域应划分为不同的内部单元。内部单元界线按照本规范5.3和5.4的要求界定。

5.2.4 宗海平面界址界定

综合宗海内部各单元所占的范围，以全部用海的最外围界线确定宗海的平面界址。

5.2.5 宗海垂向范围界定

遇特殊需要时，应根据项目用海占用水面、水体、海床和底土的实际情况，界定宗海的垂向使用范围。

5.3 各方式用海范围界定方法

5.3.1 填海造地用海

岸边以填海造地前的海岸线为界，水中以围堰、堤坝基床或回填物倾埋水下的外缘线为界。

5.3.2 构筑物用海

5.3.2.1 非透水构筑物用海

岸边以海岸线为界，水中以非透水构筑物及其防护设施的水下外缘线为界。

5.3.2.2 透水构筑物用海

安全防护要求较低的透水构筑物用海以构筑物及其防护设施垂直投影的外缘线为界。其他透水构筑物用海在透水构筑物及其防护设施垂直投影的外缘线基础上，根据安全防护要求的程度，外扩不小于10m保护距离为界。

5.3.3 围海用海

岸边以围海前的海岸线为界，水中以围堰、堤坝基床外侧的水下边缘线及口门连线为界。

5.3.4 开放式用海

以实际设计、使用或主管部门批准的范围为界。

5.3.5 其他方式用海

根据用海特征，参照 5.3.1~5.3.4 的方法界定。

5.3.6 特殊情况处理

5.3.6.1 相邻开放式用海的分割

当本宗海界定的开放式用海与相邻宗海的开放式用海范围相重叠时，对重叠部分的海域，应在双方协商基础上，依据间距、用海面积等因素进行比例分割。

5.3.6.2 公共海域的退让处理

当本宗海界定的开放式用海范围覆盖公用航道、锚地等公共使用的海域时，用海界线应收缩至公共使用的海域边界。

5.3.6.3 用海方式重叠范围的处理

当几种用海方式的用海范围发生重叠时，重叠部分应归入现行海域使用金征收标准较高的用海方式的用海范围。

5.3.6.4 超范围用海需求的处理

当某种用海方式的用海需求超出本规范一般方法界定的用海范围时，可在充分论证并确认其必要性和合理性的基础上，适当扩大该用海方式的用海范围。

5.4 各类型宗海界址界定方法

5.4.1 渔业用海

5.4.1.1 渔业基础设施用海

（1）用于顺岸渔业码头、渔港仓储设施和重要苗种繁殖场所等建设的填海造地用海，按 5.3.1 界定。

（2）渔港和开敞式渔业码头，按以下方法界定：

a）以透水或非透水方式构筑的渔业用码头，以码头外缘线为界。

b）有防浪设施圈围的港池，外侧以围堰、堤坝基床的外缘线及口门连线为界，内侧以海岸线及构筑物用海界线为界；开敞式渔业码头港池（船舶靠泊和回旋水域），以码头前沿线起垂直向外不少于2倍设计船长距离为界（水域空间不足时视情况收缩）。

c）渔港航道，以审核认定的范围为界。

（3）陆上海水养殖场延伸入海的取排水口用海，岸边以海岸线为界，水中以取排水头部外缘线外扩30m的矩形范围为界。

5.4.1.2 围海养殖用海

按5.3.3界定。

5.4.1.3 开放式养殖用海

（1）筏式和网箱养殖用海。单宗用海以最外缘的筏脚（架）、桩脚（架）连线向四周扩展20~30m连线为界；多宗相连的筏式和网箱养殖用海（相邻业主的台筏或网箱间距小于60m）以相邻台筏、网箱之水域中线为界。其间存在共用航道的，按双方均分航道空间的原则，收缩各自的用海界线。

（2）无人工设施的人工投苗或自然增殖的人工管养用海，以实际使用或主管部门批准的范围为界。

5.4.1.4 人工鱼礁用海

以废船、堆石、人工块体及其他投弃物形成的人工鱼礁用海，以被投弃的海底人工礁体外缘顶点的连线或主管部门批准的范围为界。

5.4.2 工业用海

5.4.2.1 盐业用海

（1）盐田、盐业生产用蓄水池用海，按5.3.3界定。

（2）盐业码头和港池用海，按以下方法界定：

a）以透水或非透水方式构筑的盐业用码头，以码头外缘线为界。

b）盐业码头港池（船舶靠泊和回旋水域），以码头前沿线起垂直向外不少于2倍设计船长且包含船舶回旋水域的范围为界（水域空间不足时视情况收缩）。

（3）盐田取排水口用海，岸边以海岸线为界，水中以取排水头部外缘线外扩30m的矩形范围为界。

5.4.2.2 固体矿产开采用海

（1）通过陆地挖至海底进行固体矿产开采的用海，以实际占用或主管部门批准的矿产开采范围外扩10m距离为界。

（2）海砂开采用海，以实际占用或主管部门批准的用海范围为界。实际用海的界定范围不得小于以矿产开采区域中心点为圆心，最大开采船只5倍长度为半径的圆。

5.4.2.3 油气开采用海

（1）油气开采用人工岛及其连陆或连岛道路用海，按5.3.1和5.3.2.1界定。

（2）油气开采用栈桥等用海，以栈桥外缘线平行外扩10m距离为界。

（3）油气开采综合生产平台、井口平台用海，以平台外缘线向四周平行外扩50m距离为界。

（4）单点系泊方式的储油轮用海，以系泊点为圆心，半径为1倍船长的圆为界；多点伸展系泊方式的储油轮用海，以油轮垂直投影的外切矩形向四周平行外扩0.5倍船长距离为界。

（5）输油管道用海，以管道外缘线向两侧外扩10m距离为界。

5.4.2.4 船舶工业用海

（1）用于船舶工业厂区建设的填海造地用海，按5.3.1界定。

（2）修造船厂码头和港池用海，按以下方法界定：

a）以透水或非透水方式构筑的船厂码头（含引桥）用海，以码头外缘线为界。

b）有防浪设施圈围的船厂港池用海，外侧以围堰、堤坝基床的外缘线及口门连线为界，内侧以海岸线及构筑物用海界线为界；开敞式船厂码头港池（船舶靠泊和回旋水域）用海，以码头前沿线起垂直向外不少于2倍设计船长且包含船舶回旋水域的范围为界（水域空间不足时视情况收缩）。

（3）堤坝等非透水构筑物用海，以非透水构筑物（含基床）及其防护设施的水下外缘线为界；栈桥、平台等透水构筑物用海，以透水构筑物及其防护设施垂直投影的外缘线外扩10m距离为界。

（4）船坞和港池用海，按以下方法界定：

a）船坞用海，以海岸线及船坞外缘线为界。

b）坞门宽度小于1倍设计船长时的港池（坞门前沿水域）用海，坞门两侧以船坞中心线平行外扩0.5倍设计船长距离为界，坞门前方以坞门前沿起外扩1.5倍设计船长距离为界；坞门宽度大于或等于 1 倍设计船长时的港池（坞门前沿水域）用海，坞门两侧以与坞门两端相齐的船坞中心线的平行线为界，坞门前方以坞门前沿起外扩 1.5 倍设计船长距离为界。

（5）滑道与港池用海，按以下方法界定：

a）纵向滑道的构筑物用海部分，以滑道长度自中心线向两侧外扩 0.5 倍设计船长距离为界；横向滑道的构筑物用海部分，以滑道外缘线向两侧外扩 0.5 倍设计船长距离为界。

b）纵向滑道的港池（滑道前沿水域）用海部分，以构筑物用海的外侧边界起外扩 1 倍设计船长距离为界；横向滑道的港池（滑道前沿水域）用海部分，以构筑物用海的外侧边界两端各延长 0.5 倍设计船长后，平行外扩 1 倍设计船长距离为界。

5.4.2.5　电力工业用海

（1）用于电力工业厂区建设的填海造地用海，按 5.3.1 界定。

（2）电厂（站）蓄水池、沉淀池等用海，按 5.3.3 界定。

（3）电厂（站）专用码头和港池用海，按以下方法界定：

a）以透水或非透水方式构筑的电厂（站）专用码头（含引桥），以码头外缘线为界。

b）有防浪设施圈围的电厂（站）专用港池，外侧以围堰、堤坝基床的外缘线及口门连线为界，内侧以海岸线及构筑物用海界线为界；开敞式电厂（站）专用码头港池（船舶靠泊和回旋水域），以码头前沿线起垂直向外不少于 2 倍设计船长且包含船舶回旋水域的范围为界（水域空间不足时视情况收缩）。

（4）堤坝等非透水构筑物用海，以非透水构筑物（含基床）及其防护设施的水下外缘线为界；栈桥、平台等透水构筑物用海，以透水构筑物及其防护设施垂直投影的外缘线外扩 10m 距离为界。

（5）水下发电设施用海，以发电设施外缘线外扩 50m 距离为界。

（6）电厂（站）取排水口用海，岸边以海岸线为界，水中以取排水头部外缘线外扩 80m 的矩形范围为界。

（7）位于水产养殖区附近的电厂温排水用海，按人为造成夏季升温 1℃，其他季节升温 2℃的水体所波及的外缘线界定；其他水域的温排水用海，按人为造成升温 4℃的水体所波及的外缘线界定。

5.4.2.6 海水综合利用用海

（1）用于海水综合利用工业厂区建设的填海造地用海，按5.3.1界定。

（2）蓄水池、沉淀池等用海，按5.3.3界定。

（3）海水综合利用取排水口用海，岸边以海岸线为界，水中以取排水头部外缘线外扩80m的矩形范围为界。

5.4.2.7 其他工业用海

（1）用于厂区建设的填海造地用海，按5.3.1界定。

（2）蓄水池、沉淀池等用海，按5.3.3界定。

（3）企业专用码头和港池用海，按以下方法界定：

a）以透水或非透水方式构筑的企业专用码头（含引桥），以码头外缘线为界。

b）有防浪设施圈围的企业专用港池，外侧以围堰、堤坝基床的外缘线及口门连线为界，内侧以海岸线及构筑物用海界线为界；开敞式企业专用码头港池（船舶靠泊和回旋水域），以码头前沿线起垂直向外不少于2倍设计船长且包含船舶回旋水域的范围为界（水域空间不足时视情况收缩）。

（4）堤坝等非透水构筑物用海，以非透水构筑物（含基床）及其防护设施的水下外缘线为界；栈桥、平台等透水构筑物用海，以透水构筑物及其防护设施垂直投影的外缘线外扩10m距离为界。

（5）工业取排水口用海，岸边以海岸线为界，水中以取排水头部外缘线外扩80m的矩形范围为界。

5.4.3 交通运输用海

5.4.3.1 港口用海

（1）用于堆场、码头及其他港口设施建设的填海造地用海，按5.3.1界定。

（2）码头和港池用海，按以下方法界定：

a）以透水或非透水方式构筑的码头（含引桥），以码头外缘线为界。

b）有防浪设施圈围的港池，外侧以围堰、堤坝基床的外缘线及口门连线为界，内侧以海岸线及构筑物用海界线为界；开敞式码头港池（船舶靠泊和回旋水域），以码头前沿线起垂直向外不少于2倍设计船长且包含船舶回旋水域的范围为界（水域空间不足时视情况收缩）。

（3）堤坝等非透水构筑物用海，以非透水构筑物（含基床）及其防护设施的水下外缘线为界；栈桥、平台等透水构筑物用海，以透水构筑物及其防护设施垂直投影的外缘线外扩 10m 距离为界。

5.4.3.2　航道

含灯塔、灯桩、立标和浮式航标灯等海上航行标志所使用的海域，按实际使用或主管部门批准的范围界定。

5.4.3.3　锚地

按实际使用或主管部门批准的范围界定。

5.4.3.4　路桥用海

（1）用于道路及其附属设施建设的填海造地用海，按 5.3.1 界定。

（2）跨海道路（含涵洞）及其附属设施等用海，按 5.3.2.1 界定。

（3）跨海桥梁及其附属设施等用海，以桥面垂直投影外缘线向两侧外扩 10m 距离为界。

5.4.4　旅游娱乐用海

5.4.4.1　旅游基础设施用海

（1）用于旅游开发和宾馆、饭店等建设的填海造地用海，按 5.3.1 界定。

（2）旅游码头和港池用海，按以下方法界定：

a）以透水或非透水方式构筑的旅游码头，以码头外缘线为界。

b）有防浪设施圈围的旅游专用港池用海，外侧以围堰、堤坝基床的外缘线及口门连线为界，内侧以海岸线及构筑物用海界线为界；开敞式旅游码头港池（船舶靠泊和回旋水域）用海，以码头前沿线起垂直向外不少于 2 倍设计船长且包含船舶回旋水域的范围为界（水域空间不足时视情况收缩）。

（3）游艇码头用海，按以下方法界定：

a）以非透水方式构筑的游艇码头用海，按游艇码头和游艇停泊水域分别界定。非透水式游艇码头以码头外缘线为界；游艇停泊水域以设泊位的码头前沿线、码头开敞端外扩 3 倍设计船长距离为界（水域空间不足时视情况收缩）。

b）以透水方式构筑的游艇码头用海，游艇码头和游艇停泊水域作为一个用海整体界定，以设泊位的码头前沿线、码头开敞端外扩 3 倍设计船长和码头其他部分外缘线外扩 10m 距离为界（水域空间不足时视情况收缩）。

（4）以非透水方式构筑的游乐设施、景观建筑及不形成有效岸线的旅游用人工岛等用海，以游乐设施、景观建筑、人工岛等的水下外缘线为界；以透水方式构筑的游乐设施、高脚屋和旅游平台等用海，以游乐设施、高脚屋和旅游平台垂直投影的外缘线外扩 10m 距离为界。

5.4.4.2 浴场用海

设置有防鲨安全网的海水浴场，以海岸线及防鲨安全网外缘外扩 20m～30m 距离为界；无防鲨安全网的海水浴场，以实际使用或主管部门批准的范围为界。

5.4.4.3 游乐场用海

以实际使用或主管部门批准的范围为界。

5.4.5 海底工程用海

5.4.5.1 电缆管道用海

以电缆管道外缘线向两侧外扩 10m 距离为界。

5.4.5.2 海底隧道用海

（1）通风竖井等海底之上的设施用海，以通风竖井及其防护设施的水下外缘线为界。

（2）隧道主体及其海底附属设施用海，以隧道主体及其海底附属设施的外缘线向两侧外扩 10m 距离为界。

5.4.5.3 海底场馆用海

以海底场馆外缘线平行外扩 10m 距离为界。

5.4.6 排污倾倒用海

5.4.6.1 污水达标排放用海

（1）排水口用海，岸边以海岸线为界，水中以排水头部外缘线外扩 80m 的矩形范围为界。

（2）污水混合区用海。依据海洋功能区划和保护目标，以其所排放的有害物质随离岸距离浓度衰减，达到海水水质标准要求时水体所波及的外缘线为界。海水水质标准参照 GB 3097—1997 的规定。

5.4.6.2 倾倒区用海

以实际使用或主管部门批准的范围为界。

5.4.7 造地工程用海

城镇建设、农业和废弃物处置填海造地用海，按5.3.1界定。

5.4.8 特殊用海

5.4.8.1 科研教学用海

按照主管部门批准的用海位置和范围，参照5.3及前述各类用海的界定方法进行界定。

5.4.8.2 军事用海

按照主管部门批准的用海位置和范围，参照5.3及前述各类用海的界定方法进行界定。

5.4.8.3 海洋保护区用海

以主管部门批准的范围为界。

5.4.8.4 海岸防护工程用海

以实际使用或主管部门批准的范围为界。

5.4.9 其他用海

参照5.3及前述各类用海的界定方法进行界定。

6 权属核查

6.1 权属核查的内容

权属核查是对本宗海海域使用权的归属进行调查核实，包括调查本宗海的申请人或使用权人、用海类型、坐落位置，以及与相邻宗海的位置与界址关系等。

6.2 界址点、线的核查

界址点、线的核查是对本宗海及毗邻宗海的界址点和界址线的核实与确认。

6.3 权属核查的方法

本宗海的申请人和相邻宗海业主就相关的界址点、线在现场共同完成指界核实。核查结束后，将核查结果记录在《海籍调查表》中"海籍调查基本信息表"的相关栏目内。

7　海籍测量

7.1　测绘基准

7.1.1　坐标系

采用 WGS-84 世界大地坐标系。

7.1.2　高程基准

采用 1985 国家高程基准。

7.1.3　地图投影

一般采用高斯-克吕格投影，以宗海中心相近的 0.5°整数倍经线为中央经线。东西向跨度较大（经度差大于 3°）的海底管线等用海可采用墨卡托投影。

7.2　测量仪器

参照 HY 070—2003 中 6.1~6.3 的规定。

7.3　测量精度

7.3.1　控制点精度

海籍测量平面控制点的定位误差应不超过±0.05m。

7.3.2　界址点精度

a）位于人工海岸、构筑物及其他固定标志物上的宗海界址点或标志点，其测量精度应优于 0.1m。

b）其他宗海界址点或标志点测量精度应满足 HY 070—2003 中 4.4 的规定。

7.4 测量内容与对象

海籍测量主要内容包括平面控制测量、界址点测量或推算。

海籍测量的对象是界址点及其他用于推算界址点坐标的标志点。

7.5 平面控制测量

7.5.1 平面控制基础

国家大地网（点）及各等级的海控点、GPS 网点、导线点均可作为海籍测量的平面控制基础。

7.5.2 控制点引测

根据已有控制点的分布、作业区的地理情况及仪器设备条件，可选用海控点、GPS 网点和导线点，加密引测控制点。

7.5.3 平面控制网设计

根据待测海域的范围及可选平面控制点的分布情况，设计平面控制网，实施外业测量；平面控制测量的解算结果应能为界址测量提供坐标修正参数。

7.6 界址测量

7.6.1 测量方法

一般采用 GPS 定位法、解析交会法和极坐标定位法进行施测。根据实测数据，采用解析法解算出实测标志点或界址点的点位坐标。

对于无法直接测量界址点的宗海，或已有明确的界址点相对位置关系的宗海，可根据相关资料，如工程设计图、主管部门审批的范围等，推算获得界址点坐标。

7.6.2 测量工作方案

在现场施测前，应实地勘查待测海域，综合考虑用海规模、布局、用海方式、特点、宗海界定原则和周边海域实际情况等，为每一宗海制定界址点和标志点测量工作方案。

对于能够直接测量界址点的宗海，应采用界址点作为实际测量点；对于无法直接测量界址点的宗海，应采用与界址点有明确位置关系的标志点作为实际测量点。

实际测量点的布设应能有效反映宗海形状和范围。

7.6.3 现场测量

根据工作方案进行现场测量，在现场填写《海籍调查表》中的"海籍现场测量记录表"，绘制测量示意图，保存测量数据。

7.7 海籍现场测量记录表

7.7.1 海籍现场测量记录表的作用

海籍现场测量记录表用于记录实测界址点或标志点的编号、坐标测量数据、位置分布及其与构筑物、用海设施和相邻宗海的相对位置关系。

海籍现场测量记录表是推算宗海界址点、绘制宗海图和海籍图的主要依据。

7.7.2 海籍现场测量记录表的内容

7.7.2.1 现场测量示意图内容

a）测量单元，实测点及其编号、连线。实测点的编号应以逆时针为序。

b）海岸线，明显标志物，实测点与标志物的相对距离。

c）相邻宗海图斑、界址线、界址点及项目名称（含业主姓名或单位名称）。

d）本宗海用海现状或方案，已有或拟建用海设施和构筑物，本宗海与相邻宗海的位置关系。

e）必要的文字注记。

f）指北针。

7.7.2.2 测量记录内容

a）项目名称。

b）测量单元及对应的实测点编号、坐标，对应的用海设施和构筑物。

c）坐标系。

d）测量单位、测绘人、测量日期。

7.7.3　现场测量示意图的图幅

现场测量示意图的图幅应与海籍现场测量记录表中预留的图框大小相当。当测量单元较多、内容较复杂时，可用更大幅面图纸绘制后粘贴于预留的图框，但需在图中注明坐标系、测量单位，并由测绘人签署姓名和测量日期。

7.7.4　现场测量示意图的绘制要求

现场测量示意图应在现场绘制。涉及实测点位置、编号和坐标等的原始记录不得涂改，同一项内容划改不得超过两次，全图不得超过两处，划改处应加盖划改人员印章或签字。注记过密的部位可移位放大绘制。

7.7.5　海籍现场测量记录表样式

见《海籍调查规范》附录。

7.8　内业数据处理

7.8.1　数据标准化处理

应根据现场测量数据的格式及数据处理软件的要求，完成对数据的标准化处理，形成统一格式和参照系的测量数据。

7.8.2　数据修正

利用平面控制解算的坐标修正参数，对坐标测量结果进行统一修正。

7.8.3　坐标投影转换

根据面积计算、宗海图和海籍图绘制的相关要求，对实测坐标进行投影转换。

7.8.4　界址点推算

根据实测界址点和标志点坐标，依据界址点与标志点的位置关系，推算其他界址点的坐标。

7.9　界址点与界址线

7.9.1　界址点编号

界址点编号采用阿拉伯数字，从 1 开始，连续顺编。

7.9.2　界址点坐标记录

经过测量或推算获得的界址点坐标填入《海籍调查表》中的"界址点坐标记录表"，记录表内容应包括所有用于界定本宗海及各内部单元范围的界址点。

7.9.3　界址线

将宗海及各内部单元的界址点，按逆时针方向进行顺序连线，形成闭合的界址线。界址线以"＊－＊－…－＊－＊"方式表示，"＊"代表界址点编号，首尾界址点编号应相同。

7.9.4　界址线记录

宗海及各内部单元的界址线填入《海籍调查表》中的"宗海及内部单元记录表"中。

8　面积计算

8.1　面积计算的内容

面积计算是指对宗海及各内部单元的面积解算。

8.2　面积计算的单位

面积计算单位为平方米，结果取整数。转换为公顷时，保留 4 位小数。

8.3　面积计算的方法

对于有 n 个界址点的宗海内部单元，根据界址点的平面直角坐标 x_i，y_i（i 为界址点序号），用坐标解析法，通过手工或计算机图形处理系统计算面积 S：

$$S = \frac{1}{2}\left[x_1(y_2 - y_n) + x_2(y_3 - y_1) + \cdots + x_{n-1}(y_n - y_{n-2}) + x_n(y_1 - y_{n-1})\right] \quad (1)$$

或

$$S = \frac{1}{2}\left[y_1(x_2 - x_n) + y_2(x_3 - x_1) + \cdots + y_{n-1}(x_n - x_{n-2}) + y_n(x_1 - x_{n-1})\right] \quad (2)$$

8.4 面积记录与统计

计算得到的宗海及各内部单元面积填入《海籍调查表》中的"宗海及内部单元记录表"中。

9 宗海图和海籍图绘制

海籍测量结束后，应依据"海籍现场测量记录表""界址点坐标记录表"和"宗海及内部单元记录表"等绘制宗海图，修订海籍图。

9.1 工作底图

应选用专门地图出版社出版的地形图、海图作为绘制宗海图和海籍图的工作底图，也可用精度适当的遥感影像地图作为绘制海籍图的工作底图。

9.2 宗海图的作用

宗海图是海籍测量的最终成果之一，也是海域使用权证书和宗海档案的主要附图。

宗海图精确记载宗海位置、界址点、界址线及与相邻宗海关系，是申明海域使用权属的重要依据。

9.3 宗海图的内容与要求

9.3.1 宗海图的组成

宗海图包括宗海位置图和宗海界址图。宗海位置图用于反映宗海的地理位置；宗海界址图用于清晰反映宗海的形状及界址点分布。

9.3.2　宗海位置图内容

a）地理底图，应反映毗邻陆域与海域要素（岸线、地名、等深线、明显标志物等）。选择地形图、海图等的栅格图像作为底图时，应对底图作适当的淡化处理。

b）本宗海范围或位置；以箭头指引，突出标示一个或一个以上界址点的坐标。

c）图名、坐标系、比例尺、投影与参数、绘制日期，测量单位（加盖测量资质单位印章）以及测量人、绘图人、审核人的签名等。

d）图廓及经纬度标记。

9.3.3　宗海界址图内容

a）毗邻陆域与海域要素（海岸线、地名、明显标志物等），用海方案或已有用海设施、构筑物。

b）本宗海及各内部单元的图斑、界址线、界址点及其编号，界址点编号以逆时针为序。

c）相邻宗海图斑、界址线、界址点及项目名称（含业主姓名或单位名称）。

d）图廓及经纬度标记。

e）界址点编号及坐标列表。界址点个数较多，列表空间不足时，可加附页列表填写剩余界址点编号及坐标，并加注承接说明，在附页上签署测量人、绘图人和审核人的姓名，注明测量单位（加盖测量资质单位印章）。

f）宗海内部单元、界址线与面积列表。宗海内部单元按具体用途填写，并与"宗海及内部单元记录表"中的内部单元名称一致。表格行数应根据宗海内部单元的实际个数确定。

g）图名、坐标系、比例尺、投影参数、指北针、绘制日期，测量单位（加盖测量资质单位印章），以及测量人、绘图人、审核人的签名。

9.3.4　其他相关内容及要求

a）对于填海造地和构筑物用海方式，应根据设定的图例，以对应的颜色或填充方式表示其图斑。

b）对于海底管线及跨海桥梁、道路等长宽尺度相差悬殊的用海类型，可根据实际情况，采用局部不等比例方式移位绘制，以清楚反映界址点分布为宜。

9.4 宗海图比例尺

宗海位置图的比例尺以能清晰反映宗海地理位置为宜。

宗海界址图的比例尺可设定为 1:5 000 或更大，以能清晰反映宗海的形状及界址点分布为宜。

9.5 宗海图形式

宗海位置图和宗海界址图各自单独成图，一般采用 A4 幅面，宗海过大或过小时，可适当调整图幅。

9.6 宗海图绘制方法

以全部界址点的解析坐标为基础，通过计算机制图系统进行绘制。

9.7 海籍图的作用

海籍图是所在辖区海域使用管理的重要基础资料，反映所辖海域内的宗海分布情况。

9.8 海籍图主要内容

a）已明确的行政界线。

b）水深渲染、毗邻陆域要素（岸线、地名等）、明显标志物。

c）各宗海界址点及界址线、登记编号、项目名称。

d）海籍测量平面控制点。

e）比例尺及必要的图饰等。

9.9 海籍图比例尺

海籍图比例尺应与所采用的工作底图保持一致。

9.10 海籍图的分幅与编号

9.10.1 海籍图的分幅

海籍图采用分幅图形式，并采用图幅接合表表示。

海籍图分幅可与工作底图的分幅一致，也可根据当地海域实际情况采用自由分幅形式。

9.10.2 海籍图编号

海籍图编号采用行政区域代码与两位数字编号的组合。行政区域代码参照 HY/T 094-2006 的规定；两位数字编号按照自岸向海、自西向东或自北向南的顺序编排。

9.11 海籍图的绘制方法

依据宗海图的界址点数据绘制海籍图。海籍图的绘制可根据当地技术条件采用传统制图方式或计算机辅助制图。

9.12 宗海图与海籍图整饰样式

宗海位置图和宗海界址图样式、海籍图整饰样式见《海籍调查规范》附件。

10 海籍调查报告

10.1 海籍调查报告的作用

海籍调查报告是海籍调查完成后提交的主要成果之一，是追溯海域使用权属和海籍测量问题，解决权属纠纷等的权威历史资料。

10.2 海籍调查报告的内容

a）项目简介。

b）测量单位简介及资质证明。

c）测量方案，包括测量方法、测量仪器型号及精度等。

d）坐标系、投影方式。

e）平面控制测量及精度。

f）面积计算方法与结果。

g）海籍调查表（含宗海位置图与界址图）。

11　成果资料的检查、验收与存档

海籍调查成果应由海洋行政主管部门组织检查与验收，并按规定存档。

附录 2　宗海图编绘技术规范

1　适用范围

本规范规定了宗海图编绘原则、一般流程、技术要求及图示图式等内容。

本规范适用于海域使用权申请审批及市场化出让、海域使用论证、登记发证、海籍档案管理等海域使用管理工作中的宗海图编绘。

2　规范性引用文件

下列文件对本文件的应用是必不可少的。凡是注日期的引用文件，仅注日期的版本适用于本文件。凡是不注日期的引用文件，其最新版本（包括所有的修改单）适用于本文件。

GB 12319　中国海图图式

GB/T 20257.1~3　国家基本比例尺地图图式

HY/T 123　海域使用分类

HY/T 124　海籍调查规范

3　术语定义

3.1　宗海

被权属界址线所封闭的用海单元。

注：改写［HY/T 124—2009］。

3.2　宗海图

记载宗海位置、界址点、界址线及其与相邻宗海位置关系的各类图件的总称。

注：包括宗海位置图、宗海界址图和宗海平面布置图。宗海位置图是指反映项目用海地理位置、平面轮廓及其与周边重要地物位置关系的图件。宗海界址图是指

反映宗海及内部单元的界址点分布、界址范围、用海面积、用途、用海方式及其相邻宗海信息的图件。宗海平面布置图是指反映同一用海项目内多宗宗海之间平面布置、位置关系的图件。

3.3 宗海内部单元

宗海内部按用海方式划分的海域。

［HY/T 124—2009］

3.4 界址点

用于界定宗海及其内部单元范围和界限的拐点。

［HY/T 124—2009］

3.5 界址线

由界址点按顺序连接而成的线。

注：改写［HY/T 124—2009］。

4 总则

4.1 宗海图编绘原则

准确：宗海图界址点界定应精确，内容编绘应精细，成图应规范严谨。

清晰：界址点、界址线分布等图示图式应清楚、直观。

美观：宗海图图面编绘应柔和美观，配置合理整洁。

4.2 成图数学基础

坐标系：采用 2000 国家大地坐标系（CGCS2000）。

深度基准：采用当地理论最低潮面，远海区域根据实际情况可以采用当地平均海平面。

高程基准：采用 1985 国家高程基准。

地图投影：一般采用高斯-克吕格投影，中央经线为宗海中心相近的 0.5°整数倍经线。东西向跨度较大（经度差大于 3°）的海底电缆管道等用海应采用墨卡托投影，基准纬线为制图区域中心附近的 0.5°整数倍纬线。

4.3　宗海图编绘的一般流程

4.3.1　资料收集

收集项目用海的海籍现场测量资料、设计方案、相邻用海项目的权属与界址资料，以及项目周边海域的海域使用现状、基础地理信息、近两年的遥感影像等资料。

4.3.2　用海方式确定

按照 HY/T 123 相关规定，判定项目用海包括的用海方式。

4.3.3　分宗

根据项目用海的权属界址线封闭情况，对项目用海进行分宗。
填海造地用海应单独分宗。
用海期限不一致的用海应单独分宗。
与其他项目用海交越的电缆管道、跨海大桥等用海不需分段分宗。

4.3.4　宗海及宗海内部单元确定

根据用海设计方案和海籍现场测量资料、界址点坐标记录、宗海及宗海内部单元记录等，准确确定宗海界址点，界定宗海内部单元范围。宗海内部单元的最外围界线为宗海的范围。

在宗海内部，按不同用海方式的用海范围划分宗海内部单元，用海方式相同但范围不相接的海域应划分为不同的宗海内部单元。

4.3.5　面积计算

面积计算方法按照 HY/T 124 的规定执行。

4.3.6　图件绘制

在底图基础上绘制宗海位置图、宗海界址图，当宗海位置图无法清晰反映各宗海间相对位置关系时，应绘制宗海平面布置图。

4.3.7　图面整饰

在成图信息编绘完备的基础上，进行界址点列表、宗海内部单元列表及制图信息列表的整体布置与图面整饰。

4.3.8　质量检查

检查制图要素与内容的完备性、规范性、准确性等内容。

5　宗海图的编绘及要求

5.1　底图

5.1.1　底图选取

底图是指制作宗海图所必备的基础图件，应采用最新的能反映毗邻海域与陆地要素（海岸线、地名、等深线等）的国家基础地理信息图件、遥感影像或海图。

宗海位置图底图可采用数字线划图，或栅格格式的地形图、海图，或空间分辨率不低于 10m 的遥感影像图。

宗海界址图底图与宗海平面布置图底图应采用数字线划图。

5.1.2　底图要素

宗海图底图应包括以下基础地理信息：

a）海部、海岛、陆部、海岸线等；

b）等深线、水深点等海域要素；

c）河流、主要居民地等陆地要素；

d）海域、陆地行政界线，涉及国际光缆等项目的，应包括领海外部界线；

e）海岛、海湾、河口、海峡、重要地名等注记。

大陆海岸线采用省公布的最新海岸线修测成果，未公布海岸线修测成果的大陆岸线，以省级海洋功能区划的海岸线为准；海岛海岸线以实测为准；行政界线采用批准的陆地行政界线和海域行政界线。

宗海位置图底图应标注等深线或水深点；宗海界址图底图和宗海平面布置图底图可根据实际情况，不标注等深线和水深点。

5.1.3 底图编绘要求

5.1.3.1 图式

海岸线绘制图式见附录 A，其他基础地理信息编绘图式按照 GB/T 20257.1~3 和 GB 12319 执行。

5.1.3.2 标注

基础地理信息名称标注一般采用 14K 宋体，县级以上城市地名及重要基础地理信息名称标注可适当放大。

5.1.3.3 比例尺

底图比例尺宜与成图比例尺一致。

5.2 宗海位置图

5.2.1 宗海位置图主要内容

宗海位置图应包含以下内容：

a）项目用海地理位置与平面轮廓信息；

b）项目用海位置文字说明；

c）坐标系、投影、测绘单位等信息列表；

d）图名、比例尺、图廓、经纬度注记及指北针等成图要素。

5.2.2 宗海位置图编绘要求

5.2.2.1 项目用海位置与平面轮廓信息

用图斑表示项目用海范围，清楚、准确地编绘出项目用海的地理位置、平面轮廓及其与区域中重要地物的相对位置关系。以箭头指引，突出标示一个或一个以上典型界址点的坐标，坐标可置于矩形图框中，图框白底黑字，16K 宋体加黑，边框线划宽度 0.5mm，颜色为 R，G，B：0，0，0。宗海位置图图斑见附录 A。

5.2.2.2 项目用海位置文字说明

以简要的文字说明项目用海所处位置，一般不超过 40 字，文字 12K 宋体，白底黑色。项目用海位置文字说明置于矩形图框内，一般布置在图面左下角，矩形图框高宽比1∶2，大小随文字数量确定。图框线划宽0.2mm，颜色为 R，G，B：0，0，0。

5.2.2.3　制图信息列表

制图信息列表编绘要求见5.5.3。

5.2.2.4　图名、比例尺、图廓、经纬度注记及指北针

图名编绘要求见5.5.4。

比例尺以能清晰反映本项目用海地理位置、平面轮廓及其与附近重要标志性地物的相对位置关系为宜。比例尺样式编绘要求见5.5.5。

图廓、经纬度注记编绘要求见5.5.6。

指北针编绘要求见5.5.7。

5.2.2.5　宗海位置图图幅

同一项目编绘一幅宗海位置图。

5.3　宗海界址图

5.3.1　宗海界址图主要内容

宗海界址图应包含以下内容：

a）宗海界址信息；

b）毗邻宗海信息；

c）界址点坐标列表；

d）宗海内部单元列表；

e）坐标系、投影、测绘单位等制图信息列表；

f）图名、比例尺、图廓、经纬度注记及指北针等成图要素。

5.3.2　宗海界址图编绘要求

5.3.2.1　界址点编绘

界址点编绘以界址点坐标为基础，通过计算机制图系统进行编绘，图式见附录A。

界址点原则上从每一用海单元左下角开始标注，界址点编号统一采用阿拉伯数

字，从 1 开始逆时针方向连续顺编。不同宗海内部单元界址点编号按照 HY/T 123 海域使用方式二级类次序编排。

对于界址点较多且连续编号的用海单元，以清晰反映宗海界址为原则，可只标注关键界址点；对于弧形界址区域，在弧形两端与顶点界址点编绘的基础上，应适当增加界址点数量，以反映弧形特征。

界址点序号标注一般采用 14K 宋体加粗，黑色。当界址点密集时，界址点编号标注可采用引线形式。引线线宽为 0.2mm，颜色为 R，G，B：0，92，230。

5.3.2.2 界址线编绘

将宗海内部单元的界址点，按照逆时针方向进行顺序直线连线，形成闭合的界址线，对于圆形界址区域，可采用圆心坐标与圆半径来表达用海单元界址范围。图式见附录 A。

5.3.2.3 宗海内部单元编绘

宗海内部单元以多边形图斑形式编绘，不同用海方式编绘的图斑图式见《宗海图编绘技术规范》附录 A。

5.3.2.4 毗邻宗海信息

毗邻宗海信息包括周边毗邻宗海图斑、项目名称等信息，周边相关信息标注一般采用 14K 宋体，黑色，毗邻宗海图斑图式见《宗海图编绘技术规范》附录 A。

5.3.2.5 界址点坐标列表

宗海界址图应列置界址点坐标列表，界址点坐标单位采用度、分、秒，秒后保留 3 位小数，界址点编号与图中编号对应，顺序列表。如果界址点个数较多，列表空间不足时，可加附页列表填写界址点编号及坐标，并加注承接说明，在附页上签署测量人、绘图人和审核人的姓名，注明测绘单位并加盖单位印章。界址点列表名头为"界址点编号及坐标（北纬｜东经）"，表中所有字体均为 11K 宋体黑色，表格线划宽度统一为 0.1mm，颜色为 R，G，B：0，0，0。界址点坐标列表图示见附图 2-1。

5.3.2.6 宗海内部单元列表

宗海界址图应列置宗海内部单元列表，包括内部单元、用海方式、界址线和面积。内部单元按照单元具体用途填写。用海方式采用 HY/T 123 中二级用海方式。界址线采用界址点编号加"-"表示，界址点编号首、尾相同。对于界址点较多的内部单元，为方便书写，连续编号部分可采取中间省略的方式，如："1-2-…-79-

界址点编号及坐标（北纬｜东经）		
1	yy°yy′ yy.yyy″	xxx°xx′ xx.xxx″
2	yy°yy′ yy.yyy″	xxx°xx′ xx.xxx″
3	yy°yy′ yy.yyy″	xxx°xx′ xx.xxx″
4	······	······
5	······	······
6	······	······
7	······	······
8	yy°yy′ yy.yyy″	xxx°xx′ xx.xxx″

附图 2-1　界址点坐标列表图示

80-1"。面积单位为公顷，小数点后保留 4 位。表中所有字体均为 11K 宋体黑色，表格线划宽度统一为 0.1mm，颜色为 R，G，B：0，0，0。宗海内部单元列表图示见附图 2-2。

内部单元	用海方式	界址线	面积（公顷）
XXX	XXX	8-9-10-11-12-8	XXXX.XXXX
XXX	XXX	1-···8-12-···15-1	XXXX.XXXX
宗海		1-2-3-···-12-13-14-15-1	XXXX.XXXX

附图 2-2　宗海内部单元列表图示

注：当本表格单元信息内容为单行时，表格行高为 5mm；当信息内容为多行时，表格行高以能清晰显示行内信息为宜。

5.3.2.7　制图信息列表

制图信息列表编绘要求见 5.5.3。

5.3.2.8　图名、比例尺、图廓、经纬度注记及指北针

图名编绘要求见 5.5.4。

宗海界址图比例尺以能清晰反映宗海的界址点分布及界址范围为宜。比例尺样式编绘要求见 5.5.5。

图廓、经纬度注记编绘要求见 5.5.6。

指北针编绘要求见 5.5.7。

5.3.2.9　典型用海项目宗海图编绘要求

对于海上风电、跨海桥梁、海底电缆管道等平面布局比较复杂或所占用海域跨度较大的用海，为同时清晰反映宗海的形状以及界址点分布情况，宗海界址图可在整体反映宗海平面分布情况的基础上，对于典型、重要、复杂区域采用局部放大的方式编绘。采用局部放大时，使用标注框形式，线宽为 0.2mm，颜色为 R，G，B：0，0，0；在标注框内右下角放置比例尺。标注框图幅及比例尺以能清晰反映宗海的形状及界址点分布为宜。

对于海底电缆管道、跨海桥梁、道路等长宽尺寸相差悬殊的用海，可根据实际情况，采用局部不等比例方式移位编绘，以清楚反映宗海界址点分布为宜。

对于立体确权用海，本宗海按照本规范相关要求编绘，与本宗海发生重叠的宗海，按照毗邻宗海处理，重叠部分只体现本宗海图斑。

5.4　宗海平面布置图

5.4.1　宗海平面布置图主要内容

宗海平面布置图应包含以下内容：

a）属于同一项目的各宗海及其内部单元平面布置信息；

b）坐标系、投影、测绘单位等信息列表；

c）图名、比例尺、图廓、经纬度注记及指北针等成图要素。

5.4.2　宗海平面布置图编绘要求

5.4.2.1　同一项目的各宗海及其内部单元平面布置信息

宗海平面布置图应反映同一项目的各宗海及其内部单元之间的平面布置及位置关系。宗海平面布置图只编绘界址线和宗海内部单元图斑，界址线和宗海内部单元不同用海方式图斑图式见附录 A。

5.4.2.2　制图信息列表

制图信息列表编绘要求见 5.5.3。

5.4.2.3　图名、比例尺、图廓、经纬度注记及指北针

图名编绘要求见 5.5.4。

宗海平面布置图比例尺以能清晰反映同一项目的各宗海之间的平面布置、相对

位置关系为宜。比例尺样式编绘要求见 5.5.5。

图廓、经纬度注记编绘要求见 5.5.6。

指北针编绘要求见 5.5.7。

5.5 宗海图版式

5.5.1 图幅

宗海位置图、宗海界址图、宗海平面布置图各自单独成图，一般采用 A4 幅面，满幅面设计；当 A4 幅面不能满足要求时，可调整图幅至 A3。

5.5.2 图面配置

宗海位置图、宗海平面布置图应将整个图面置于图幅框内，制图信息列表置于右下部。

宗海界址图图幅左边为图面，右边从上向下依次配置界址点坐标列表，宗海内部单元列表，制图信息列表。图面一般应占到图幅区域的三分之二以上。

5.5.3 制图信息列表

制图信息列表主要包括成图基础数据以及测量单位信息，其中成图基础数据包括坐标系、投影、中央经线、高程基准和深度基准。测量单位信息包括：测量单位、测量人、绘图人、审核人、绘制日期。制图信息采取列表形式表示，表中所有字体均为 11K 宋体黑色，表格线划宽度统一为 0.1mm，颜色为 R，G，B：0，0，0。宗海位置图、宗海平面布置图制图信息列表图示见附图 2-3，宗海界址图制图信息列表图示见附图 2-4。

5.5.4 图名

宗海位置图的图名由"项目名+宗海位置图"构成，宗海界址图的图名由"项目名+宗海界址图"构成，宗海平面布置图的图名由"项目名+宗海平面布置图"构成，24K 宋体黑色居中，如果图名字数过多，可适当缩小字号。图名置于图幅上部，距离上图廓外缘线 3mm。

对于分宗编绘的宗海界址图，其项目名后加"（主体用途）"，主体用途相同

	15mm	25mm	15mm	25mm
坐标系		投　影	投影名称 (xxx° xx′)	
高程基准		深度基准		
测绘单位	(填写后须加盖资质单位印章)			
测量人	(签名)	绘图人	(签名)	
绘制日期		审核人	(签名)	
	15mm	25mm		25mm

附图 2-3　宗海位置图、宗海平面布置图制图信息列表图示

	12mm	23mm	12mm	23mm
坐标系		投　影	投影名称 (xxx° xx′)	
高程基准		深度基准		
测绘单位	(填写后须加盖资质单位印章)			
测量人	(签名)	绘图人	(签名)	
绘制日期		审核人	(签名)	
	12mm	23mm	12mm	23mm

附图 2-4　宗海界址图制图信息列表图示

的，可在主体用途后加数字区分。例如"×××项目（码头、栈桥及港池）宗海界址图""×××项目（码头 1）宗海界址图"。

用于市场化出让方案制定等的宗海图，图名根据实际情况确定。

5.5.5　比例尺

比例尺以数字方式表示，置于图框内，比例尺数值应归整。宗海位置图和宗海平面布置图的比例尺置于图面底部中间部位，以不影响图面要素表达为宜。宗海界址图的比例尺置于图面右下角位置，以不影响图面要素表达为宜。图框线划宽度 0.2mm，颜色为 R，G，B：0，0，0，图框背景颜色为 R，G，B：255，255，255，距下边框、右边框各 1mm，框内字体为 10K 宋体黑色。比例尺编绘图示见附图 2-5。

5.5.6　图廓

图廓由图幅图廓与图面图廓组成。

宗海位置图、宗海平面布置图添加经纬网，并标注主要经纬度。经纬网格线宽

179

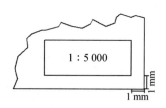

附图 2-5   比例尺示意

为 0.2mm，颜色为 R，G，B：183，183，183；根据图幅范围采用合适单位间隔进行等距标注，经度标注为 "xxx°xx′xx″"，纬度标注为 "yy°yy′yy″"，不跨度时中间标注经度可省略为 "xx′xx″"，纬度可省略为 yy′yy"；字体为 10K 宋体黑色。

宗海界址图采用四角标注坐标，经度标注为 "xxx°xx′xx″"，纬度标注为 "yy°yy′yy″"，字体为 10K 宋体黑色。图幅图廓线划宽度 0.5mm，颜色为 R，G，B：0，0，0，图幅线划与图面线划之间距离 3mm。图面图廓线划宽度 0.2mm，颜色为 R，G，B：0，0，0。

5.5.7   指北针

指北针采用箭头式图示，标注北方，黑白色显示，指北针箭头与标注 "N" 字母总体高 10mm，宽 5mm，一般置于图面右上角，分别距图面图廓上边界，右边界各 2mm，如影响图面内容显示，可适当调整位置。指北针编绘图示见附图 2-6。

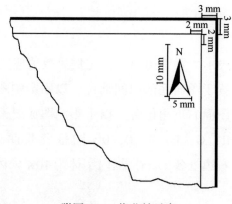

附图 2-6   指北针示意

6　成图质量检查

6.1　成图要素完备性检查

底图主要检查海域、海岛、陆地图斑、海岸线、重要地名等基础信息的完备性和成图清晰度。

宗海位置图主要检查宗海图斑及其位置坐标等成图要素的完备性和成图清晰度，以及制图信息的完备性。

宗海界址图主要检查宗海界址点、界址线、内部单元图斑、毗邻宗海信息等主要成图要素的完备性和成图清晰度，以及界址点坐标列表、宗海内部单元列表、制图信息列表的完备性。

宗海平面布置图主要检查同一项目内各宗海及其内部单元界址线、图斑、相关用海项目信息等成图要素的完备性和成图清晰度，以及制图信息列表的完备性。

宗海图版式主要检查图名、比例尺、图廓、经纬度注记及指北针等成图要素的完备性。

6.2　规范性检查

对 6.1 中完备性检查的相关要素，开展规范性检查，此外，对宗海位置图、宗海界址图、宗海平面布置图中的图斑、线划宽度与色彩、地理坐标格式、注记字体字号、表格位置格式、图面整饰等要素进行规范性检查。

6.3　正确性检查

6.3.1　数学基础检查

主要检查宗海图坐标系、投影方式、图廓尺寸和比例尺等是否正确，具体检查方法参考 GB/T 24356。

6.3.2　界址点检查

将界址点坐标列表中的界址点展绘于图面，检查每一界址点与原图相应界址点的符合性，对于界址点密集区域应将图件放大检查。同时对比海籍现场测量记录表等界址点坐标来源文件，检查界址点坐标的正确性。

6.3.3 宗海信息列表检查

对宗海界址图中坐标信息列表的界址点编号、坐标的正确性进行检查；对宗海内部单元列表中所列单元、用海方式、界址点连线、面积的准确性进行检查。

6.3.4 编绘精度检查

编绘精度检查方法参考 GB/T 24356。

附录3　填海项目竣工海域使用验收（配套）技术标准

一、填海项目竣工海域使用验收管理办法

第一条　为加强对填海项目的监督管理，规范填海项目竣工海域使用验收工作，根据《海域使用管理法》《海域使用权管理规定》等有关法律、法规，制定本办法。

第二条　本办法适用于填海造地项目和含有填海用海类型的建设项目。

填海项目竣工海域使用验收（以下简称填海项目竣工验收）是指填海项目竣工后，海洋行政主管部门对海域使用权人实际填海界址和面积、执行国家有关技术标准规范、落实海域使用管理要求等事项进行的全面检查验收。

第三条　国家海洋局负责全国填海项目竣工验收工作的监督管理。

国家海洋局负责组织实施国务院审批的填海项目竣工验收工作。

省、自治区、直辖市海洋行政主管部门负责组织实施本省、自治区、直辖市人民政府审批的填海项目竣工验收工作。

以上负责填海项目竣工验收的部门统称为竣工验收组织单位。

第四条　竣工验收的主要依据：

（一）审批部门批准的海域使用权批复文件；

（二）《海域使用管理法》《海域使用权管理规定》等相关法律、法规；

（三）海籍调查规程、填海项目竣工验收技术标准、规范等。

第五条　海域使用权人应当自填海项目竣工之日起30日内，向相应的竣工验收组织单位提出竣工验收申请，提交下列材料：

（一）填海项目竣工海域使用验收申请；

（二）填海项目设计、施工、监理报告；

（三）填海工程竣工图；

（四）海域使用权证书及海域使用金缴纳凭证的复印件；

（五）与相关利益者的解决方案落实情况报告；

（六）其他需要提供的文件、资料。

第六条 竣工验收组织单位受理符合要求的竣工验收申请材料后 5 日内，通知海域使用权人开展验收测量工作，编制验收测量报告。

海域使用权人可按要求自行编制验收测量报告，也可委托有关机构编制。验收调查工作应当自收到开展验收测量工作通知（自行编制验收测量报告）或签订委托协议之日起 20 日内完成。验收测量报告编制要求另行规定。

承担海域使用论证工作的技术单位不得承担同一项目验收测量工作。

第七条 验收测量报告应当包括如下内容和成果：

（一）填海工程竣工后实际填海界址（包括平面坐标和高程）、填海面积测量情况；

（二）实际填海与批准填海的界址和面积对比分析；

（三）绘制相关图件；

（四）其他需要说明的情况。

第八条 承担验收测量工作的技术单位进行验收测量时，竣工验收组织单位应派员监督、见证。

第九条 竣工验收组织单位应当组织项目所在省（区、市）及市（县）海洋、土地等有关行政主管部门和与填海项目无利害关系的测量专家成立验收组，对填海项目进行现场检查，听取海域使用权人、施工单位、验收测量报告编制单位等的报告，提出验收意见。

第十条 验收组的主要工作任务：

（一）审议验收测量报告；

（二）检查国家和行业有关技术、标准和规范的执行情况；

（三）对竣工验收中的主要问题，作出处理决定或提出解决意见；

（四）通过竣工验收报告，签署竣工验收意见书。

第十一条 存在下列情形之一的，验收不合格：

（一）不合理改变批准范围或超出面积实施填海的；

（二）没有落实海域使用批复文件要求的。

第十二条 对竣工验收合格的，竣工验收组织单位应当自竣工验收意见书签署之日起 10 日内，出具竣工验收合格通知书。

第十三条 验收不合格的填海项目，竣工验收组织单位发出限期整改通知书，要求海域使用权人限期整改，整改期满后重新提出竣工验收申请。

海域使用权人没有整改或整改后仍存在问题的，由海洋行政主管部门按照《海域使用管理法》第四十二条及相关法律规定进行处理。

第十四条　填海项目竣工验收工作结束后 30 日内，竣工验收组织单位应当将竣工验收情况及有关材料报国家海洋局备案。

第十五条　承担验收测量工作和编制验收测量报告的单位弄虚作假，出具不真实结论的，按相关法律法规给予处罚。

第十六条　海洋行政主管部门工作人员在竣工验收工作中有徇私舞弊、接受贿赂、滥用职权、玩忽职守等行为，对直接负责的主管人员和其他直接责任人员追究相应责任。

第十七条　本办法自发布之日起施行。施行之日前的填海项目，其竣工验收参照本办法执行。

二、填海项目竣工海域使用验收测量技术要求（征求意见稿)

1　总体要求

1.1　工作内容

填海项目竣工验收工作内容分为外业测量工作和内业整理工作，外业测量工作包括控制测量、界址点测量等，内业整理包括测量资料处理分析、面积计算、图件编绘、报告编写等。

1.2　资料收集

填海项目竣工验收外业测量作业前应收集但不限于以下资料：本项目及相接项目用海批复或海域使用权出让合同，海域使用论证报告，填海工程项目设计、施工、监理报告，填海工程竣工图、遥感影像图件等，以及填海项目附近的平面控制点等资料。

1.3　测量基准

坐标系：采用 2000 国家大地坐标系（CGCS2000）。

地图投影：一般采用高斯-克吕格投影，以宗海中心相近的 0.5°整数倍经线为中央经线。成图比例尺及分幅以能清晰反映填海项目实际用海的平面形状及界址点分布为宜。

深度基准：采用当地理论最低潮面。

1.4 测量精度

平面控制点的定位误差应不超过±0.05m。

界址点平面精度：位于人工海岸、构筑物及其他固定标志物上的宗海界址点或标志点，其测量误差应不超过±0.1m；位于水下部分的宗海界址点或标志点测量精度应不超过±1m。

1.5 测量成果

填海项目竣工验收测量成果包括竣工验收测量数据、竣工验收测量报告以及填海项目竣工宗海图等。承担验收测量工作的技术单位进行验收测量前，应提前报告竣工验收组织单位，由竣工验收组织单位派员监督、见证。

2 测量实施

2.1 填海项目实际用海范围界定

岸边以填海前的海岸线或以通过竣工验收的填海项目宗海界址线为界，其余用海范围以填海工程围堰、堤坝基床或回填物倾埋水下的外缘线为界。竣工验收测量界址点应选取填海项目实际用海范围的主要拐点，并与批复的海域使用权证界址点相对应，界址点现场测量须有测量人员、海域使用权人代表和海域使用管理部门代表共同见证，并在界址点坐标记录表上签字确认。测量过程应拍照或摄像，形成的电子文档应归档。

2.2 控制测量

国家大地控制点、GPS网点、导线点、水准点可作为控制测量基础。根据已有控制点的分布情况，设计控制网，加密控制点，使之能够覆盖控制整个测量区域。控制网布设参照 GB/T 18314 和 CH/T 2009。平面控制测量的解算结果应能为界址测量提供坐标转换参数和保证测量精度。

在有条件采用 CORS（连续运行参考站系统）测量的地区，通过控制点核测，验证 CORS 提供数据的可靠性。

在无条件采用 CORS（连续运行参考站系统）测量的地区，应该根据已有测量控制点的分布情况，设计控制网，加密控制点，使之能够覆盖控制整个测量区域，实施外业测量。

2.3 界址测量与确定

（1）位于人工海岸、构筑物及其他固定标志物上的界址点和低潮时露出水面的界址点，应采用 RTK 等可满足测量精度的仪器直接测量；对填海造地占用海岸线造成无法辨识进行实测的界址点，可从用海批复文件中引用获取。

（2）对于受填海区域客观条件限制，无法采用 RTK 等可满足测量精度的仪器直接测量的界址点，可以通过选择合理标志点，结合工程结构断面图等资料推算确定填海界址点。有条件的海域，也可采用 GPS 定位仪辅以测深仪、侧扫声呐系统等仪器设备确定水下界址点。

根据填海项目区域实际情况确定界址点测量的方法，现场测量时需填写竣工验收界址点坐标测量记录表，绘制测量示意图，保存测量数据。

3 测量资料整理与分析

3.1 实际填海界址与批准填海界址的分析

对经实测或由实测资料推算的界址点、界址线与批复的填海项目用海界址点、界址线进行对比分析，以确定填海项目实际用海界址与批准的填海项目用海界址之间的偏差，同时为实际填海的面积计算提供数据基础。

3.2 填海面积计算

（1）面积计算的内容

面积计算的内容应包括实测填海项目用海面积、超出批准范围的填海项目用海面积、批准范围内未填用海面积、改变用海方式填海面积以及成陆面积、斜坡结构面积的计算。

（2）面积计算的单位

面积计算单位为平方米，结果取整数。转换为公顷时，保留 4 位小数。

（3）面积计算的方法

面积计算方法参照 HY/T 124 海籍调查规范。

3.3 相邻用海面积的核算

因填海变化导致同一项目其他用海单元如港池、码头堤坝、防波堤等相邻工程用海面积发生变化的，应核算其用海面积。

3.4 图件绘制

1. 对比分析图绘制

主要包括项目批准填海造地范围、实测填海造地及其他用海范围、超范围填海范围、未填海范围以及改变用海方式范围，并分别以不同的图斑来表示上述用海情况，重点突出超范围填海和未填海范围分布。填海对比分析图样式见附录 B。

2. 填海竣工验收宗海图编绘

根据测量成果编绘填海项目竣工验收宗海位置图和宗海界址图。宗海位置图应反映填海项目实施后项目宗海的地理位置，宗海界址图清晰反映填海项目宗海的实际形状及界址点分布。

3. 其他用海单元变更宗海图编绘

因填海变化导致同一项目其他用海单元如港池、码头堤坝、防波堤等相邻工程用海面积发生变化的，应重新核算其用海面积，并绘制变化后的宗海图。

三、填海项目竣工海域使用验收测量报告编写大纲

一、概述

（一）任务由来

介绍任务来源及报告编写工作的相关背景情况。

（二）工作依据

列举开展测量工作依据的相关法律法规、技术规范以及基础资料等。

二、项目用海基本情况

（一）项目用海位置

说明项目用海所在的地理位置、区域范围、周边其他用海情况，并附清晰反映项目用海位置和相接用海情况的图件。

（二）项目用海批准情况

说明项目用海批复或海域使用权出让合同记载的用海类型、用海方式、用海面积以及海域使用相关要求等，并附宗海图。对宗海图采用的坐标系、投影参数等内容进行说明，列出宗海界址点坐标表。

（三）项目填海竣工情况

介绍项目竣工后填海工程的平面布置、主要工程结构及工程的施工建设、成陆高程等情况，并附填海工程竣工图、典型工程结构断面图以及能清晰反映项目完成情况的遥感影像图或其他影像、照片等。

三、测量实施

（一）测量单位基本情况

说明开展填海竣工验收现场测量工作的单位资质、人员资格、测量仪器有效性等情况。

（二）测量基准

说明测量采用的坐标系、投影方式等测量基准。

（三）控制测量

说明控制测量采用的仪器设备和测量方法、控制点分布与控制网布设等情况，分析测量精度。涉及坐标系转换的说明转换过程。

（四）界址测量

说明界址点确定的依据和获取方法，界址点测量方法、测量作业过程和时间，海洋部门派员见证情况，并附填海竣工海域使用验收现场测量记录表和现场测量照片等。

四、测量结果分析

（一）测量资料处理

说明测量与界址点推算等数据分析处理的过程，对测量精度进行分析和说明。

（二）实际填海界址点判定

结合测量数据处理结果和收集的资料，说明实际填海界址点判定的依据与过程。

（三）实际填海界址与批准界址对比分析

对经实测或由实测资料推算的界址点、界址线与批准界址点、界址线在同一参数环境下进行对比分析，绘制对比分析图。说明实际填海界址与批准界址之间的偏差情况，并在对比分析图上标示。将实际填海界址与相接其他项目用海界址进行分析，说明在同一参数环境下是否与相接项目重叠。

（四）用海面积对比分析

计算项目实际填海面积。对于实际填海范围与批准范围不一致的区域，逐一分析不一致的原因，必要时附相关证明材料。计算超出批准范围的填海面积、批准范围内未填面积，并在对比分析图上标示。给出项目实际填海面积与批准填海面积的差值（超填或少填），并附对比分析图。

因实际填海范围改变导致本项目其他用海单元发生变化的，应给出变化后其他用海单元的界址、面积。

给出竣工验收后的宗海位置图、填海部分的宗海界址图、变化后其他用海单元的宗海界址图。

必要时，可计算填海成陆面积。

五、测量成果质量控制

说明测量工作过程中各个环节采取的质量保障和控制措施。

六、结论

综述项目实际填海面积及与批准填海面积的差值、界址点偏移等情况，说明变化的主要原因。给出本项目其他用海单元面积。

附件：

1. 海洋行政主管部门同意开展竣工验收测量工作的文件；
2. 用海批复文件或海域使用权出让合同；
3. 海域使用权证书；
4. 仪器检定/校准证书；
5. 海洋测绘资质证书及测量人员资格证书；
6. 填海竣工海域使用验收现场测量记录表；
7. 验收意见（测量报告报批稿附）；
8. 其他相关的文件和图表。

说明：区域建设用海规划内的填海项目，根据批准界址坐标实地核测项目填海界址、面积，分析与相接项目的衔接情况以及是否存在重叠，在满足上述要求的情况下，可对测量报告内容进行简化。

附录 4 重点区域海域使用权属核查相关技术标准

一、重点区域海域使用权属核查验收办法

第一条 为保证重点区域海域使用权属核查工作的成果质量，规范重点区域海域使用权属核查成果验收程序和内容，根据《重点区域海域使用权属核查总体方案》《重点区域海域使用权属核查技术规程》（以下简称《技术规程》）等，制定本办法。

第二条 本办法适用于国家海洋局组织的重点区域海域使用权属核查工作成果验收。

本办法所指验收是指对海域使用权属核查工作成果的真实性与准确性进行验收。权属核查数据与权属登记数据不一致需要办理变更的，依法按程序办理。

第三条 重点区域海域使用权属核查验收工作应坚持实事求是、客观公正、注重质量、讲求实效的原则，保证工作严肃性和科学性。

第四条 国家海洋局（以下简称验收组织部门）负责组织重点区域海域使用权属核查验收工作；国家海洋局海洋咨询中心负责验收具体工作。

第五条 国家海洋局北海分局、东海分局、南海分局负责汇总本辖区内所有核查成果和工作中形成的具有保存价值的文件材料，会同省级海洋管理部门对技术单位的核查成果和文件材料进行初审，按规定向验收组织部门提出验收申请。初审包括以下内容：

（一）技术单位核查工作是否落实《技术规程》和分局工作方案的要求；

（二）技术单位提交的成果是否符合《技术规程》要求；

（三）将所有核查数据导入国家海域动态监视监测系统，审核项目空间位置、图形形状与动态系统中最新的遥感图是否基本一致；审核系统中生成的图形形状与图件成果是否一致、面积数值是否准确；

（四）形成和收集的文件材料是否符合《文件材料归档范围与档案保管期限表》的要求。

第六条 分局会同省级海洋管理部门完成初审后，由分局向验收组织部门提出验

收申请，并提交下列材料：

（一）重点区域海域使用权属核查工作验收申请；

（二）《技术规程》列出的所有核查成果（包含文字成果、图件成果和数据成果），并附电子版材料；其中文字成果中的技术报告应附上核查技术单位质量管理机构成果质量检查报告；

（三）外业核查开展加密控制测量的，提交控制测量记录等资料；

（四）按照《归档范围》要求制作的归档文件材料清单；

（五）其他需要提供的文件、资料。

第七条验收组织部门对验收申请材料进行初步核查，符合规定条件的，组织海洋咨询中心开展具体验收工作。

第八条验收组织部门应当成立由有关海洋管理部门和与重点海域权属核查工作无利害关系的有关领域专家组成的验收组，听取核查工作报告和技术报告，查阅相关材料，进行现场抽检，对发现的问题提出处理决定或解决意见，形成验收意见。

第九条验收组主要任务包括：

（一）审查核查工作报告和技术报告；

（二）审查成果的齐全性和规范性，是否符合《技术规程》要求；

（三）工作的技术路线和调查方法是否正确，内业核查和外业调查的流程和内容等是否符合《技术规程》等要求；

（四）对开展外业调查的权属核查数据和没有开展外业调查的内业核查数据（坐标系转换数据）进行抽检，抽检比例均不低于10%。将抽检的核查数据导入国家海域动态监视监测系统，审查项目空间位置、图形形状与动态系统中最新的遥感图是否基本一致；审查动态系统中生成的图形形状与图件成果是否一致、面积数值是否准确；

（五）审查文件材料齐全性、完整性、有效性是否符合《归档范围》要求；

（六）对核查工作中的主要问题提出处理意见；

（七）形成验收意见。

第十条有下列情况之一者，不能通过验收：

（一）提交的验收成果不真实，存在弄虚作假行为；

（二）未按照《技术规程》要求开展核查工作，并导致成果内容存在重大问题；

（三）现场抽查的权属核查数据合格率未达到100%。

第十一条未通过验收的，验收申请单位须按要求限期整改，整改后重新提出验收申请。

第十二条通过验收但验收成果需要修改的，验收申请单位应按要求尽快修改完善。验收成果一式三份报送验收组织部门。

第十三条本办法自发布之日起施行。

二、重点区域海域使用权属核查技术规程

1　范围

1.1　主要内容

本规程规定了重点区域海域使用权属核查的内容、方法和要求。

1.2　适用范围

本规程适用于中华人民共和国领海、内水范围内的重点区域海域使用权属核查。

2　规范性引用文件

下列文件中的条款通过本规程的引用而成为本规程的条款。

GB 12319—1998　中国海图图式

GB/T 20257—2007　国家基本比例尺地图图式

GB/T 12343—2008　国家基本比例尺地图编绘规范

GB/T 18314—2009　全球定位系统（GPS）测量规范

GB/T 24356—2009　测绘成果质量检测与验收

HY/T 123—2009　海域使用分类

HY/T 124—2009　海籍调查规范

HY/T 056—2010　海洋科学技术研究档案业务规范

CH/T 2009—2010　全球定位系统实时动态测量（RTK）技术规范

CH/T 2014—2016　大地测量控制点坐标转换技术规范

填海项目竣工海域使用验收管理办法（2016 年 5 月）

宗海图编绘技术规范（试行）（2016 年 5 月）

3　术语和定义

海域使用权属核查

为摸清海域使用权属现状，掌握准确完整的海域使用权人、面积、用海类型、用海方式、用海期限等海域使用权属数据，依法进行的核实、勘测行为。

4　总则

4.1　重点区域选取原则

（1）包括较多的海域使用类型与海域使用方式。

（2）包括至少三级人民政府（国家/省/市/县）审批的项目用海。

（3）以完整的县（区）管理海域为单元，跨越的单元不宜过多。

（4）存在海域使用权属重叠、用海范围改变、坐标系不统一等较多问题的海域。

4.2　核查对象、内容与方式

4.2.1　核查对象

（1）已经纳入海域使用动态监视监测管理系统管理的确权用海。

（2）海域管理部门掌握（有登记、有记载或有批复等）的且已实际发生，但未录入海域使用动态监视监测管理系统的用海。

（3）采用海域使用动态监视监测管理系统中最新遥感影像核对，能够发现的未确权用海。

（4）海域管理部门认为有必要核查的其他用海。

4.2.2　核查内容

核查对象的位置、界址、海域使用权人、面积、用海类型、用海方式、用海期限等权属信息。

4.2.3 核查方式

采用内业核查和外业调查相结合的核查方式。

内业核查包括所有的核查对象。

外业调查分为现场权属核查和现场测量。现场权属核查包括存在疑问数据（疑问数据的筛查见 5.4）的核查对象、所有的构筑物用海（填海竣工验收已经测量过的构筑物除外）和填海造地用海（已经开展或申请竣工验收和尚未完成填海的除外）。现场测量包括所有已确权的构筑物用海（填海竣工验收已经测量过的构筑物除外）和《填海项目竣工海域使用验收管理办法》颁布前批复已完工但未开展竣工验收的填海造地用海。

4.3 主要工作流程

（1）重点区域选取。利用海域使用动态监视监测系统，结合重点区域选取原则，确定权属核查的重点区域。

（2）实施方案编制。制定核查方法与技术路线，组建核查队伍，明确分工，按照大纲编制实施方案，实施方案大纲见附录 1。

（3）内业核查。对重点区域内所有核查对象，通过资料收集、坐标与投影转换、资料数据对比分析，筛查出疑问数据，报送相关海域管理部门。

（4）外业核查。对需进行外业核查的用海，以宗海为单元，进行现场权属核查和现场测量，填写权属核查现场调查表。

（5）成果制作。对核查结果进行数据汇总和统计，绘制成果图件，编制成果报告，制作成果数据集。

（6）验收归档。对核查成果进行检查，由验收组进行验收，合格后进行归档。工作流程见附图 4-1。

4.4 一般技术要求

（1）坐标系

采用 2000 国家大地坐标系。

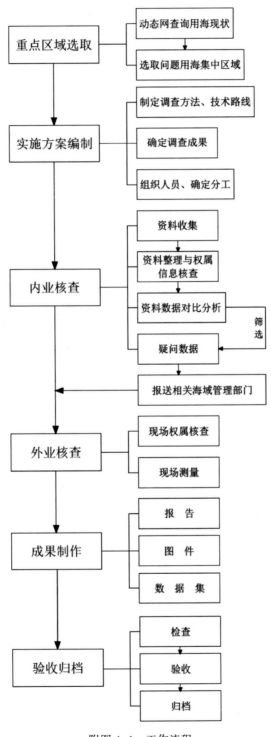

附图 4-1　工作流程

（2）地图投影

采用高斯-克吕格投影，以区域中心相近的 0.5°整数倍经线为中央经线。

（3）数据格式

制图采用地理信息系统软件，成图数据采用 shp 格式。

（4）计量单位

界址点坐标单位采用度、分、秒格式，秒后保留 3 位小数。

面积单位采用公顷（hm^2），保留 4 位小数。

5 内业核查

5.1 资料收集

内业核查收集以下资料：

（1）海域使用动态监视监测系统中提取的重点区域所有确权用海数据。

（2）海域管理部门掌握（有登记、有记载或有批复）的实际发生，但未录入海域使用动态监视监测系统的用海资料。

（3）海域动态监视监测系统中的最新遥感影像，以及根据需要补充收集的遥感影像数据。

（4）测量控制点数据。

（5）基础地理信息数据。

（6）其他相关资料。

5.2 资料整理与权属信息核查

5.2.1 资料整理

对收集到的资料进行分类整理，填写重点区域海域使用权属原始信息汇总表。内容包括用海项目的状态（确权/未确权）、位置、海域使用权证书编号、界址、海域使用权人、面积、用海类型、用海方式、用海期限等信息。

5.2.2 坐标与投影转换

以往确权应用北京 54 坐标系、西安 80 坐标系、WGS-84 坐标系、相对独立的平面坐标系的界址点，坐标要统一转换为 2000 国家大地坐标系。坐标转换参照《大地测量控制点坐标转换技术规程》执行。

之前投影未采用区域中心相近的 0.5°整数倍经线为中央经线的用海，要按照本规程要求，重新计算面积。

5.2.3　权属信息核查

对重点区域海域使用权属原始信息汇总表中的各用海项目，结合收集到的相关资料，逐一进行内业权属信息核对，核实海域使用权人、用海类型、用海方式、用海期限等有无变化，坐标系是否明确、是否准确、是否采用 CGCS2000 坐标系，用海是否过期但未注销。对于填海项目，核查其是否开展竣工验收、是否已换发土地证。

5.3　资料数据比对分析

（1）遥感影像校正分析

对收集到的海域动态监视监测系统中最新遥感影像以及补充收集的遥感影像，要进行纠正精度分析，确保纠正精度达到 1 个像元以内。

（2）用海图斑识别

利用收集到的遥感影像，初步识别可能用于核查的用海图斑，重点判断涉及构筑物用海和填海的图斑。

（3）收集资料的矢量化

将收集到的海域管理部门掌握（有登记、有记载或有批复等）的实际发生、但未录入系统的用海资料进行矢量化，与从系统中提取的确权用海数据合并，形成一个矢量文件。

（4）空间叠置分析

利用遥感影像识别出的用海图斑，与形成的矢量文件进行叠加、比对，核查用海项目界址、范围、用海方式等有无变化，筛查疑问数据。

5.4　疑问数据筛查

通过筛查，找出以下几类疑问数据：

（1）已使用未确权用海；

（2）已确权未使用用海；

（3）位置不准用海。包括相邻用海重叠、用海位置偏移、用海范围变化的用海；

（4）未采用CGCS2000坐标系、坐标系未标注或不准确用海；

（5）用海方式或用海类型改变用海；

（6）过期但未注销用海；

（7）登记信息不准用海。

根据疑问数据的筛选结果，填写疑问数据汇总表，编制疑问数据统计图。

6 外业调查

6.1 现场权属核查

对4.2.3确定的需进行现场权属核查的用海，由县级海域管理部门向海域使用权人发送"协助核查通知书"、身份证明材料样式及"重点区域海域使用权属核查现场调查表–1"。县级海域管理部门与核查技术单位一起进行现场核查。

6.1.1 核查内容

主要核查用海项目名称、海域使用权人、用海类型、用海方式、用海范围、填海是否已换发土地证等。

6.1.2 核查要求

核查技术单位现场核查人员应携带核查项目相关权属资料、海域使用权属核查现场调查表等到现场。

海域使用权人或代理人应携带身份证明、现场调查表等相关材料到现场。

（1）海域使用权人是单位的：法定代表人出席现场的，应出具法定代表人身份证明和本人身份证明；代理人出席现场的，应出具授权委托书。

（2）海域使用权人是个人的：本人出席现场的，应出具本人身份证明；代理人出席现场的，应出具授权委托书。

6.1.3 权属现场核查记录

填写"海域使用权属核查现场调查表"中相关内容，海域使用权人或代理人应在"海域使用权属核查现场调查表"相应位置签字。

6.2 现场测量

对4.2.3确定的需进行现场测量的用海，核查技术单位在进行现场权属核查时，按以下要求和步骤开展现场测量。

6.2.1 测量内容

包括平面控制测量、界址测量等。

6.2.2 测量仪器

填海和构筑物的测量采用可满足测量精度要求的仪器。所有测量仪器应经国家法定计量机构检定证明有效。

6.2.3 测量精度

（1）平面控制点的定位误差应不超过±0.05m。
（2）界址点平面精度：位于人工海岸、构筑物及其他固定标志物上的宗海界址点或标志点，其测量精度应优于0.1m。

6.2.4 平面控制测量

根据已有控制点的分布情况，设计控制网，加密控制点，使之能够覆盖控制整个测量区域。控制网布设参照《全球定位系统（GPS）测量规范》（GB/T 18314—2009）、《全球定位系统实时动态测量（RTK）技术规范》（CH/T 2009—2010）执行。

在有条件采用CORS（连续运行参考站系统）测量的地区，通过控制点核测，证明CORS提供数据的可靠性。

6.2.5 界址测量

填海或构筑物与原有陆地边界的界址按批复界址点确定，其余界址测量方法参照《海籍调查规范》（HY/T 124—2009）执行。

6.2.6 测量记录

现场测量时需填写"海域使用权属核查现场调查表"中现场测量的相关内容，保存测量数据，测量过程应拍照或摄像。

7 数据整理

7.1 资料汇总

在完成内业核查、现场权属核查与现场测量的基础上，对搜集和现场取得的数据、图件、文字和其他相关资料分别进行整理、归类、汇编。主要包括：海域使用权属核查原始信息汇总表，疑问数据图、表，权属核查现场调查表等。

7.2 界址点确定

可现场实测的界址点按照实测结果确定。

对无法实测的界址点，根据实测界址点和标志点坐标，并结合相关资料，如工程剖面图、竣工图、主管部门批复的范围等，推算获得界址点坐标。

界址点确定通过列表形式说明，经过核查有变化的，应说明原因。

7.3 面积计算

参照《海籍调查规范》（HY/T 124—2009）执行。

7.4 数据对比

对核查前后核查对象的界址、海域使用权人、面积、用海类型、用海方式、用海期限等权属信息发生变化的，要进行数据的对比分析，填写海域使用权属核查结果汇总表，进行现场测量的，给出对比分析图。

8　核查成果

8.1　文字成果

8.1.1　报告名称

（1）海域使用权属核查技术报告
（2）海域使用权属核查工作报告

8.1.2　编写内容及要求

海域使用权属核查技术报告主要内容包括：任务概况、技术路线与方法、数据处理与质量控制、技术总结等，报告编写应力求文字简洁、图文并茂。

海域使用权属核查工作报告主要内容包括：任务概括、总体组织情况、核查工作流程、各阶段主要工作和完成情况、核查成果与分析、结论与建议等，报告编写要求实事求是、结论明确、有理有据。

报告编写大纲见《规程》附录。

8.2　图件成果

8.2.1　图件名称

（1）现场测量图。
（2）海域使用对比分析图。
（3）权属核查后宗海位置图、界址图。
（4）重点区域海籍图。

8.2.2　绘图要求

底图应采用最新的能反映毗邻海域与陆地要素（海岸线、地名、等深线等）的国家基础地理信息图件、遥感影像或海图。

现场测量图应能清晰地反映用海项目现状及实地测量情况，包括遥感影像、现场照片、海岸线、用海方式、实测点位置等要素。

海域使用对比分析图应对实测用海范围与批复用海范围进行叠加对比，能够清晰反映实测与批复用海的位置、范围、面积等的比对关系。

疑问数据和进行现场测量的项目权属核查后宗海图按照《宗海图编绘技术规范》等相关技术规范绘制。构筑物用海和填海造地用海按照现场测量结果，根据《海籍调查规范》界定用海界址。因构筑物用海和填海造地用海界址点变化，导致相邻开放式用海单元界址点发生变化的，开放式用海界址点相应调整，其他界址点按批复确定。宗海图与相应权属核查现场调查表单独成册。未确权的用海项目不绘制宗海图，依据高分辨率卫星遥感影像，提取用海信息，在海籍图中，以图斑形式标示未确权用海位置、范围。

重点区域海籍图应标明区域内所有用海项目的位置及项目名称，基础地理信息中应包含县级海域分界线，可按实际需要分幅制作。

成果图件及其工作底图的绘制应符合《国家基本比例尺地图编绘规范》（GB/T 12343—2008）、《国家基本比例尺地图图式》（GB/T 20257—2007）、《中国海图图式》（GB 12319—1998）、《海籍调查规范》（HY/T 124—2009）、《宗海图编绘技术规范》的要求。

8.3　数据成果

8.3.1　成果名称

（1）海域使用权属原始信息汇总表。
（2）海域使用权属核查现场调查表。
（3）海域使用权属核查成果表。
（4）海域使用权属核查 Shape 数据。

8.3.2　数据成果要求

数据成果要准确、清晰、翔实。
海域使用权属核查成果表见《规程》附录。
shp 数据属性结构表见《规程》附录。

9 检查验收与成果归档

9.1 检查

9.1.1 检查方式

采用内业检查和外业检查相结合方式，检查比例内业为 100%，外业实际操作的检查比例不低于 10%，由核查技术单位质量管理机构对成果质量进行检查。

9.1.2 检查内容

9.1.2.1 内业检查

（1）总体检查

主要检查实施方案的执行情况，技术报告、工作报告等是否符合要求，对重点区域海域使用权属核查发现的用海问题，总结是否全面、分析是否合理、处理是否妥当。

（2）工作底图检查

在总体检查基本符合要求的基础上，检查工作底图数学精度、色调、反差、整饰是否符合要求。

（3）数据检查

shp 数据是否通过拓扑检查，属性是否符合填表要求，是否与核查成果表保持一致。利用海域使用动态监视监测管理系统数据库，对数据成果中的界址、面积等权属信息进行复核。

（4）图件成果检查

主要检查图式使用是否正确、各种注记是否符合要求、图面整饰是否清晰完整。

（5）文字报告检查

内容是否齐全、结构是否合理、表述是否清楚等。

9.1.2.2 外业检查

（1）总体检查

界址点、界址线位置是否与实地一致，现场调查表填写内容是否与实际一致，用海类型、用海方式等认定是否准确。

（2）控制点检查

测量控制点位置是否合适，标志设置是否规范，与点之记描述是否一致。

（3）界址点测量检查

外业选择适当的测站，利用 RTK 等仪器采用高精度或同精度方法检测，抽检界址点点数不少于 10%，并与已有坐标进行比较，评定精度是否符合测量限差要求。

9.2　验收

验收组按照重点区域海域使用权属核查验收管理有关规定开展验收，出具验收报告。验收报告要求内容具体、结论明确。

9.3　成果归档

归档文件材料的整理、编目应按照《海洋科学技术研究档案业务规范》（HY/T 056—2010）与海域使用权属核查档案管理有关规定实施，整理形成的案卷应系统规范。